拆解心智圖的技術：

讓思考與創意快速輸出的 27 個練習

趙胤丞 著

不是演練技法，而是演練思考邏輯

撰寫這本書《拆解心智圖的技術》，不只要教大家畫心智圖，更是要分析心智圖背後的思考拆解邏輯，幫助大家學會像心智圖一樣讓想法可以有效輸出的思考模式。

現在回想起當初的起心動念，因為出版上一本心智圖著作《畫出完美心智圖超簡單》已經是 2016 年的事了，這五年又經過幾百梯企業內訓課程淬鍊、參加眾多國際認證研習、嘗試線上課程，因而自己對於心智圖的認知與使用有了不同體悟，是否要重新撰寫一本心智圖法的著作呢？在跟神編輯電腦玩物站長 Esor 兄討論後，我們都認為現在讀者需要的不是如何畫心智圖，而是心智圖背後的思考邏輯如何運作。

因此，我將自己使用心智圖法 12 年的思維運作拆解出來，寫成本書。《拆解心智圖的技術》這本書有三個特點，一一跟大家分享。

○ 特點一：心智圖法「職場上」的實務應用

《拆解心智圖的技術》這本書是獻給希望提升職場工作效能的讀者們，希望透過常見職場議題的解析，讓各位可以透過案例步驟，進而一起演練心智圖法的威力與好處。透過思考效能的提升，進而把自己工作上持續卡關的地方攻克，做事有了底氣，成果才會展現，爾後人生才會有所提升，而這本書《拆解心智圖的技術》就是用這樣的邏輯來撰寫的。

所以，本書不會只是教你表面的整理閱讀心得，而是要分析如何做好應付考試、職場升遷的有效學習心智圖。本書不會只是教你畫出人生夢想，而是要分析職涯規劃、理財規劃的心智圖思考法。

○ 特點二：「不重技法重思維」的步驟拆解

《拆解心智圖的技術》著重的不是心智圖法的基本概念（像是中心主題、主幹、支幹該怎麼畫比較好看，這些技法在坊間很多心智圖法書籍中，都已經寫得非常詳盡完整），本書是著重在「面對問題時，如何用心智圖法的思考歷程，去解決問題」。

希望可以透過我多年來課程中眾多學員的問題，用心智圖法去思考案例，讓讀者不只了解心智圖法，也可以從案例學習到當自己遇到同樣情況時該如何思考。

在案例解說時，也不只是畫圖給你看結果，更會「一步一步拆解」案例的「思考原理」，讓各位讀者可以依照步驟逐一解構思考歷程，希望透過手把手帶領大家做案例練習，意識到自己卡關的環節，進而有能力在自己的職場中進行修正，讓成長有感！

○ 特點三：「多感官學習體驗」的案例影片

我們這次也做了新嘗試，在《拆解心智圖的技術》書中挑選 10 個關鍵案例，特別錄製案例說明影片，希望可以讓讀者在閱讀《拆解心智圖的技術》的同時，透過 QR Code 的掃描連結到隱藏版 Youtube

影片，進而用不同方式學習心智圖法，達到更好的學習效果。這是我與編輯 Esor 討論出來所做的一個新嘗試，就為了能讓讀者們有更進階的學習效果。

坊間線上課程費用動輒上千元，而這 10 個案例說明影片則一次免費放送給您，為的是希望您閱讀這本書時，由衷感到「物超所值」，並解決了您職場、人生中的課題。

讀到這裡，您也許已瞠目結舌！為何要做這麼多呢？正是因為我們所做的一切都圍繞著相同主題，那就是「希望可以透過這本書，讓正在讀《拆解心智圖的技術》此書的您有更多收穫與進展」。雖然每年上很多課，遇到很多學員，但更多的是沒有上過我課程的人，因此《拆解心智圖的技術》就是一個很重要的載體，讓我們能夠透過書籍閱讀對話，讓生命影響生命，若能有一位讀者因此受益，那麼無數個熬夜筆耕《拆解心智圖的技術》的日子，就有了那份價值與重量！

最後，我想要跟各位提醒：「心智圖法是一個很棒的工具，但更重要的是您的踐行，透過踐行才能得到成果，透過成果累積，才能形成飛輪效應，讓您過上幸福的人生。」非常感謝您支持《拆解心智圖的技術》這本書，由衷期盼本書能確實協助到在讀這本書的您。

趙胤丞

成為輸出多於輸入的高效率工作者

收到心智圖名師趙胤丞老師邀稿寫推薦序時，我憂喜參半，喜悅的是我的確是心智圖踐行者，也用它完成了新書《日語 50 音完全自學手冊》的構思及大綱。擔憂的是自己是否能夠在這麼短的篇幅中，寫出讓讀者能產生共鳴、體會心智圖優點的序言。

首先，先來談我的工作跟心智圖的關係好了。

我除了專攻的日語語言學外，為了增加教學豐富性，也涉獵各類書籍，常有靈光乍現想立即記下來的瞬間，但往往隨手記錄重點的紙條遺失、整理的筆記散落各處，本想整理個架構來對抗艾賓浩斯遺忘曲線，卻徹徹底底地成為一個 Input 多於 Output 的健忘者。這個現象直到我遇見了心智圖後，徹底的獲得翻轉。

在接觸心智圖前，我使用 Word、Excel 來記錄接下來的計劃、新事物的學習、靈光乍現的瞬間。但兩者都有個缺點：「思緒受限於既定的排列模式」。這對於發散型的思考內容，是不折不扣的限制框架。

而心智圖除了支援發散型的思考模式外，只要改變色調及線條粗細，每次都能讓人耳目一新，快速掌握重點。它協助我釐清接下來的計劃、產出閱讀心得、演講內容，更協助我寫出了 3 月上市的新書。在構思這本書的期間，我使用心智圖做腦力激盪，從開始的混沌狀態到逐一展開各個單元、單元細項，讓自己一目瞭然，節省了許多思緒不清、原地打轉的時間。

我在心智圖裡找到讓我專注的「發散模式」，最後再去蕪存菁地

「收斂」出架構，從空杯到滿載，工作神速展開，這亦是心智圖帶給使用者眾多好處的其中一樣。

本書作者是使用心智圖法的翹楚，不但於本書開頭清楚剖析心智圖製作時「質」與「量」孰輕孰重的問題，也一語中的指出多數人製作企劃、規劃人生時「追求完美」的盲點，進而以自身、學員經歷帶入心智圖拆解，萃取出了 20 個以上案例模板，提供讀者梳理「閱讀」、「職涯」、「學習」、「時間管理」、「儲蓄」、「財富」、「人生」…等等的思考脈絡，進而找出關鍵所在。

本書提綱挈領，簡切了當，企業內訓、心智圖公開班皆擁有豐富歷練的趙老師毫無保留的拆解他人生成功的經驗法則，讓讀者能夠利用心智圖快速在職場、人生裡聚焦重點，進而解決難題。您在閱讀完這本書之後，只要能立即踐行，相信您一定會有意想不到的收穫，讓您有更充裕的時間朝人生的里程碑邁進！

Hikky Wang

《日語 50 音完全自學手冊》作者、「小狸日語」創辦人、
企業日語培訓講師、線上日語講師

人劍合一的人生闖關高手

胤丞老師不是在教心智圖法，他是活出了心智圖法。

身為他的讀者、學生和工作夥伴，與胤丞老師越漸熟稔後，我更確定這句話的準確性，他把心智圖活應用到生活的每個領域，用到令我歎為觀止的程度。

時間管理、簡報設計、高效會議、問題分析，還有準備證照考試、家庭預算收支、高效吸收新知，甚至連出國打包行李，他都能透過心智圖法，把事情輕鬆省力搞定。

講到美食，他心裡會跳出各地的美食地圖；提到好書，他腦中會自動連結出相關書庫；談到難關，他隨時可以生出解決對應問題的表單。有這樣大神般的朋友，人生真的好幸福啊！

印象最深的一次，是和胤丞老師一起趕高鐵。兩個歸心似箭的講師，在下課後都想快點回到台中，於是他開啟了「無雙趕高鐵模式」，帶著我快步穿越人群，找到最短路徑，趕上了台北台中的直達車。上車回過神後，我問胤丞到底怎麼辦到的？他說：「三鐵共構的台北車站，包含地下街的聯通出口，共有 70 多個出入口，我之前有認真想過，點和點之間要怎麼連接。」然後，我的下巴就一直沒有合起來，直到高鐵到站。

「我之前有認真想過」，大概是最適合描繪胤丞的一句話了。「之前」，代表他的凡事超前部署，「認真」是他從不停止進步的態度，「想過」是透過心智圖，把問題拆解清楚了。

胤丞不只是傳遞知識，他是真正做到的人。

幾個男性講師朋友間，有個有趣的説法：「如果我是女生，一定要嫁給胤丞老師。」（ 或是「如果胤丞單身，女兒一定要嫁給他。」）這個説法背後，傳達的訊息是：胤丞是個有能力並且值得信任託付的好人。

問題來了，胤丞只有一個，而且已經結婚了！怎麼辦呢？不愁不愁，人只有一個，書倒是可以一直印下去。

胤丞將他的心智圖使用心法，完整放在這本書裡，教讀者如何思考清楚、拆解清楚。我們可以順著他走過的路，快步穿越人群，找到最短路徑，搭上高效省時的卓越人生直達車。

嫁不到胤丞，那就成為下一個胤丞吧！

鄭錫懋

《英語自學王》作者

Part 1 心智圖法與思考技巧

Part 2 心智圖法的職場思考術

Part 3 心智圖法的知識整理術

Part 4 心智圖法的夢想人生規劃術

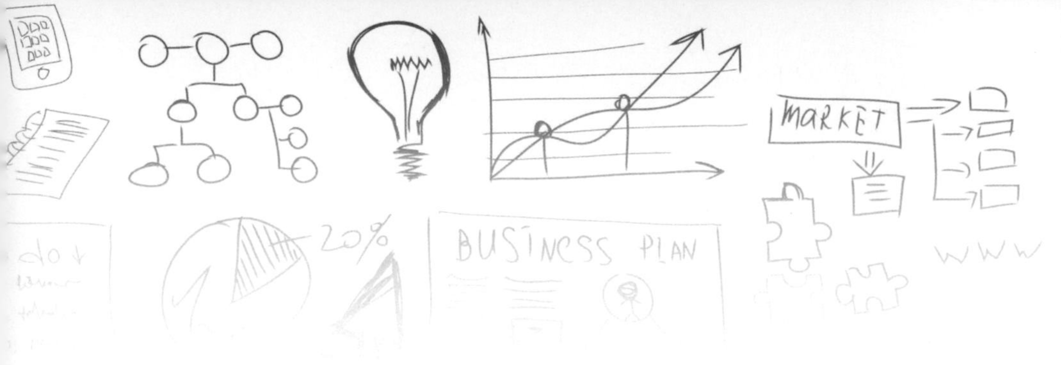

Part 1

心智圖法
與
思考技巧

1-1

利用心智圖法 激發你的思考力

我在企業進行訓練課程時，常常會聽到學員抱怨每天都在處理眾多問題，長時間動腦思考，精神消耗，導致自己難以集中而效率降低，常常一個頭兩個大，腦袋也變得完全無法運轉，於是事情往往解決得不好，甚至失敗犯錯。

但其實工作的本質不就是如此嗎？我們拿出本事解決問題，來換取薪酬回報。一定會遇到許多需要解決的問題，甚至可能經常是個難關，但也可以換個角度想，我曾聽前輩說過：「難能可貴」有不同的詮釋：因為「難」而我們「能」的話，那真的很「可貴」。

前輩還延伸出「可貴」比較戲謔的講法，如果真的有解決問題的思考能力，那薪水「可」以很「貴」！如果我們自己能夠成為少數有能力處理的人，那我們在組織內的重要性也會有所提升，相對也會逐漸反映在薪資報酬上。

所以，讓自己成為能夠處理關鍵問題的人，才是我們每天工作的責任，不然只是年資增加，資歷卻沒有長進，那樣不就太可惜了。

當我們調整了切入角度後，決定開始面對問題並思索解決方案，這時另外一個常見問題將會接踵而來，那就是：

> **大腦總是卡關，想不到太多解決方案，**
> **或是想出來的方案了無新意，**
> **這時候怎麼辦呢？**

為什麼我們總是腦力激盪不出想法？

為什麼大家腦力激盪都想不出來內容呢？我發現想不出來的背後，通常有以下幾個想法或行為特徵：

- **覺得自己想法太不成熟，就直接在內心扼殺想法。**
- **不願意先把初始想法寫下來，因為認為不是最終方案，結果到最後連基本企劃也寫不出來。**
- **覺得腦力激盪太浪費時間，或是嘗試過腦力激盪，但效果不佳。**
- **擔心自己激盪不出好想法，於是更害怕去做。**

其實我們大可把心中浮現這樣的焦慮與自我批評先收起來，給自己多一點彈性跟犯錯的機會，因為腦力激盪是有方法步驟的。

我超級欣賞兩屆諾貝爾獎得主萊納斯．鮑林先生（Linus Carl Pauling），諾貝爾獎得過一次已經是世界頂尖科學家，能夠帶領人類在某一個領域有重大突破，但得到兩次，就絕對不是靠運氣，背後總是有一套思維邏輯，讓萊納斯．鮑林先生（Linus Carl Pauling）能夠快速找到他人無法看到的機會點並加以鑽研。我覺得他提到的一句話就可以貫串腦力激盪的核心，那就是：

> **「如果你想有個好主意，則必須有很多主意。**
> **它們大多數都是錯誤的，**
> **你必須學習的是扔掉哪些。」**
> （If you want to have good ideas, you must have many ideas. Most of them will be wrong, and what you have to learn is which ones to throw away.）

簡單來說，就是「先求數量，再求質量。」而且這兩個步驟必須有順序、有區隔。

如果說來簡單，為什麼大多數人都做不好腦力激盪呢？因為就是把「先求數量，再求質量」兩個步驟，混在一起做，希望自己能夠馬上想出「質量兼備」的好答案，但這樣的思維跟做法，看似節省時間，但反而想不出答案，更想不出好答案，因為想法都在腦中被自己否定了（除非是長期鍛鍊腦力激盪的專業職人，已經把腦力激盪磨練到隨手捻來）。

心智圖法核心思考流程：先求數量，再求質量

而心智圖法的兩步驟發想流程，正可以解決上述這樣的問題。

我們的思維經常會經過「發散」與「收斂」這兩個階段，心智圖法能夠存在這麼多年依然盛行，一定有其獨到之處。在我看來：

“

心智圖法最好發揮的時機
就是在「發散」這個步驟上，
可以讓相關內容緊密相連。
而在「收斂」這個步驟上，
也能讓我們看出自己思緒路徑的關鍵重點。

”

我們可以把心智圖法的發想，簡單規劃為兩大階段：「水平思考」與「垂直思考」。

「水平思考」，又稱橫向思維，非線性思維，觸類旁通。這一種思考的方式，由法國學者愛德華．德．波諾（Edward de Bono）在其於 1967 年出版的著作《新的思考：水平思考的應用》（New Think: The Use of Lateral Thinking）中首先提出。而水平思考是對一個主題去發散聯想，例如，如果主題是時間管理，我們則會想到「金錢／工作效率／旅行／陪伴家人／時薪／時間管理矩陣／GTD」等等。這些我們想出來的項目彼此可能沒有關聯性，但都會跟時間管理有關。

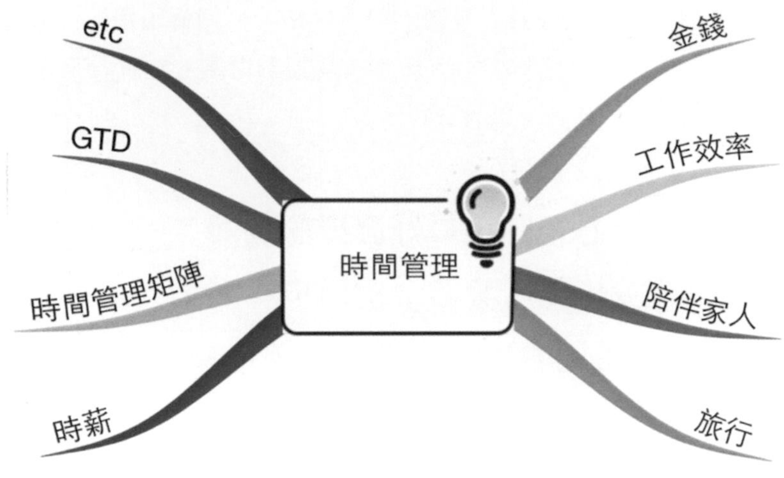

> **所以水平思考非常適合當作一個**
> **領域全方位觀照的雷達，**
> **看看我們在思考上是否有所遺漏。**

「垂直思考」，又稱縱向思維，線性思維。這是對一個主題不斷往後延伸思考，看自己能夠思考到多深入的思考方式。像是想到時間管理，時間管理想到 GTD，GTD 想到 David Allen，David Allen 想到外國人，外國人想到西班牙，西班牙想到聖家堂，聖家堂想到高第，高第想到建築，建築想到哈里發塔，哈里發塔想到杜拜，杜拜想到帆船飯店，帆船飯店想到旅遊，旅遊想到 Airbnb，Airbnb 想到環遊世界，環遊世界想到電影…，這樣延伸下去會無窮無盡。只是目前想到的內容可能跟一開始的時間管理不一定有非常強烈的關聯，所以到時候可以在收斂時把不符合我們這次主題的內容加以刪除即可。

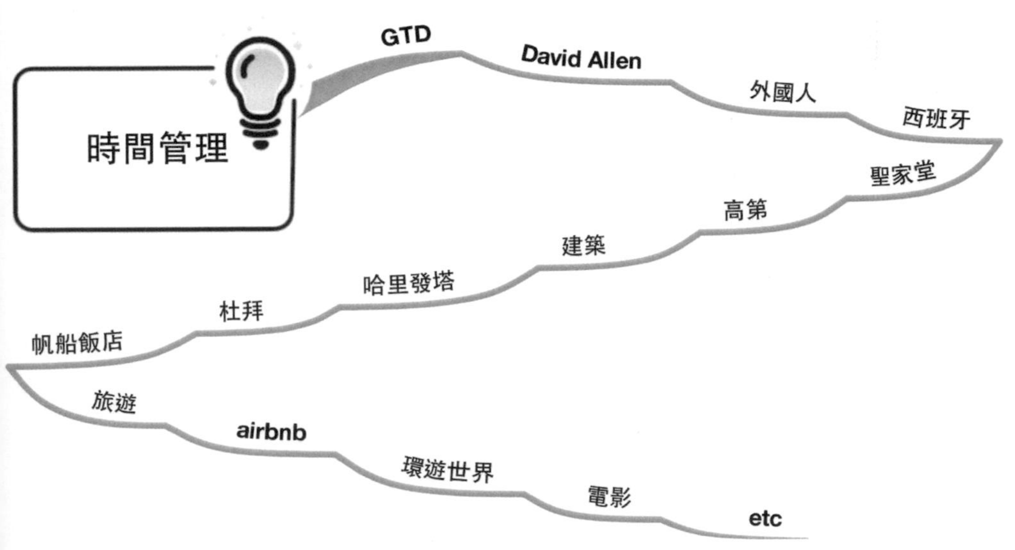

“

針對一個主題我們可以一直延伸聯想到
許多的想法，稱為垂直思考，
時常練習垂直思考
可以提昇個人的記憶力與推演能力。

”

可以運用心智圖法的兩種思考模式：「水平思考」與「垂直思考」，來幫助我們發散與延伸思考，我每次在操作時，都會鼓勵自己要能夠想出 50 個以上的想法關鍵字，這樣能讓我快速產出很多可能不錯的點子，也加速相關方案的後續推動，與問題解決方案的設計。

建立 4 個有效的思考心態

而當我們遇到一個主題時，可能會遇到一種情況，那就是頭腦一片空白，看著一張白紙心裡面乾著急，但卻無從下筆，坐在辦公桌前任由時間流逝，靈感始終不來造訪，唯有焦慮隨侍在旁。這樣的經驗，我也很多。

直到我學習到腦力激盪的技巧，才開始有不同的作法，我在這跟大家報告我如何操作。這邊可以分成心態面跟操作面兩個來談，一開始最重要的是心態面。

1953 年，廣告公司 BBDO 共同創辦人艾力克斯．奥斯朋（Alex Osborn）發表了「腦力激盪（Brainstorming）」這個字，在他的著作《如何激發創意》（Applied Imagination）之中提到「Brainstorming」這個文字，並提出了幾個發想創意的原則概念：

心態一：禁止帶有批評角度回應彼此

絕不批評別人的意見，包含自己的意見。腦力激盪最重要的一件共識要先確立，那就是「尊重彼此」。在我看來，腦力激盪本來就是在一片混沌之中透過一些線索來梳理內容，因此剛開始講出來的雖然不成熟，但總是一個開始，因此我們都要先給予肯定與支持，認定願意分享的意見都是好的，都是有助於推進進程，尊重每一個人的意見，不批評對方發言。

我們在腦力激盪時，是不是常有下面這些內心的小聲音出現？譬如說：「我這個主意會不會太幼稚了呢？」、「我這個想法太可笑了吧？」、「這真的可行嗎？」、「不行不行！這根本行不通！」、「我再觀察看看大家的想法跟現場情況好了。」…。

你有沒有發現我們還沒說出自己的主意，也還沒仔細思考別人的點子，自己就強烈質疑並否定這些想法呢？如果有的話，我們就常常不經意帶有否定的角度看待事情，因此要特別提醒大家「覺察」自己是否出現這樣的行為，當有類似行為出現時要特別提醒自己。

心態二：先求想法數量，再求想法質量

想法愈多愈好，至少 50 則以上。

前面提到的兩屆諾貝爾獎得主萊納斯．鮑林先生說過的名言，再提醒大家一次：「如果你想有個好主意，則必須有很多主意。它們大多數都是錯誤的，你必須學習的是扔掉哪些。」所以再次提醒不要兩個步驟合併一起做，還是要先求數量，再求質量。

心態三：拿掉既定框架，獨特想法浮現

建議讓參與成員或自己，自由聯想。如果照著既定框架走，很多時候會發現想法都很像，很難有什麼創新想法產生。所以可以先把「不合情理、不合邏輯、不合法規」的「三不合」先拿掉，或許會有一些新的可能性出現。

之後再把現實可行性條件放進去，將一些不符合的選項排除，這

樣就達到收斂效果。

心態四：可以混搭多個點子加值創造

像是在別人意見上天馬行空、加值。我們聽別人意見分享時，請務必要非常專心，因為專心才能夠多加站在對方的角度思考，融入對方角色去做換位思考。這樣就可以有更多的想法反饋出來。像是日本軟體銀行創辦人孫正義先生曾發明翻譯機，將「字典」、「聲音合成器」和「電子計算機」三者組合，這讓他做出了全世界第一台翻譯機，而這發明也讓當時日本巨擘夏普（Sharp）看到了未來，並出資收購。

禁止帶有批評
角度回應彼此

先求想法數量
再求想法質量

拿掉既定框架
獨特想法浮現

可以混搭多個
點子加值創造

4 步驟利用心智圖法進行腦力激盪

我們知道了腦力激盪的基本邏輯，那要怎麼透過心智圖法的操作，來做腦力激盪發想呢？我直接來舉一個例子拆解給各位看。

記得剛出道擔任講師時，主辦單位要我思考規劃「時間管理」課程，說實在的我當時也會卡關，畢竟雖然知道時間管理重要主題，卻不是非常熟悉，但有時壓力就是動力的來源。

雖然一開始感覺大腦枯竭，但我利用心智圖法把腦袋想到的都努力寫出來，並遵守「不批評，不責備，不停筆」三不原則當作心法來操作，如此我們將可以從他人或自己感覺到的想法當中有所啟發，激盪出更多的火花與聯想。

“

把所有想法都當作珍貴的寶藏看待，

看看自己如何從裡面挖寶！

”

掃描 QR Code，看心智圖實際操作影片

步驟一

我會拿一張空白紙出來，在中心主題寫出時間管理幾個字。

步驟二

開始把我想到的關鍵字先隨意寫上去，寫越多越好。基本上就是把腦袋想到的內容都寫下來，就算沒有依照心智圖分類都沒關係。

看到「時間管理」這個中心主題，我馬上就會聯想到以下內容：像是為什麼要做時間管理？為什麼時間管理做不好？原因是什麼？時間管理理論有哪些？時間管理的步驟？有什麼實體／數位工具可以幫助我嗎？

因為我們就是要透過心智圖來梳理大腦中的思緒，如果一開始心智圖呈現出來沒有太嚴謹的分類，就是因為大腦目前是一片混亂，請先別焦慮，我們應該這樣想：

> **「當看到寫出來的心智圖混亂時，要感到開心，因為我們剛好可以趁機重新整理自己思緒！整理完就會清楚了！」**

我會練習讓自己每個想法主幹都寫出 10 ～ 15 個關鍵字，先不管排序，想到什麼就寫什麼，之後才做分類整理。基本上 20 分鐘就可以寫出來一篇有七八成內容的課程架構。

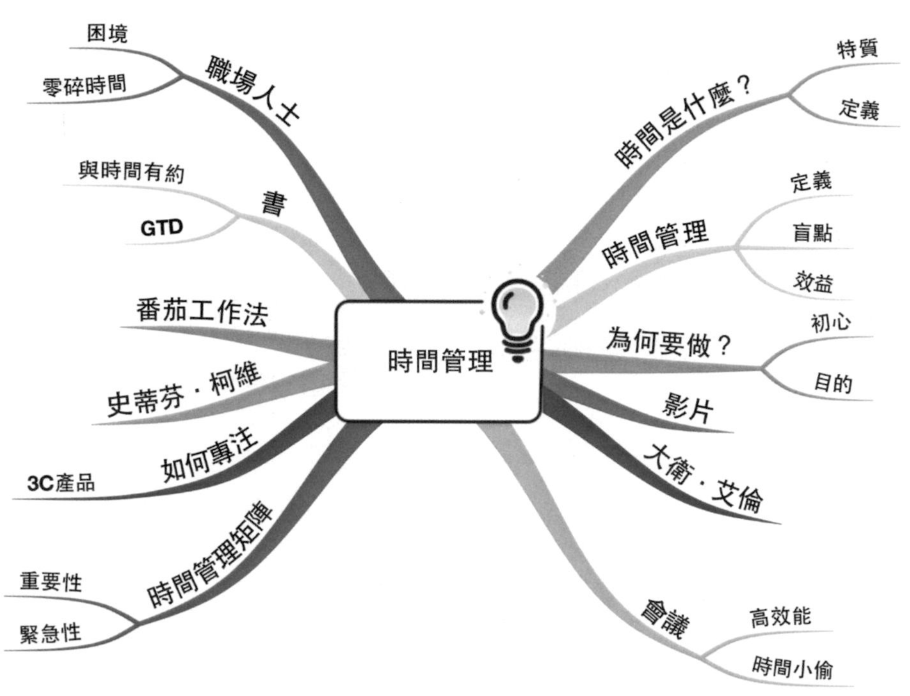

步驟三

開始重新分類，依照主幹支幹，把內容重新整理過。

重新整理過程中，內容會有所增添是正常現象，因為我們會慢慢在找出脈絡的同時，促使我們繼續思考還有哪些內容遺漏，所以會越寫越多！

> **我並不建議目前就開始把內容刪除，**
> **因為這只是我們用目前大腦的內容重新整理，**
> **還有很多資料還沒閱讀，**
> **所以我會建議先把所有關鍵字都先留下來。**

或許之後閱讀相關資料時，看到更多相關重點，這樣就可以補充上去，避免遺漏。

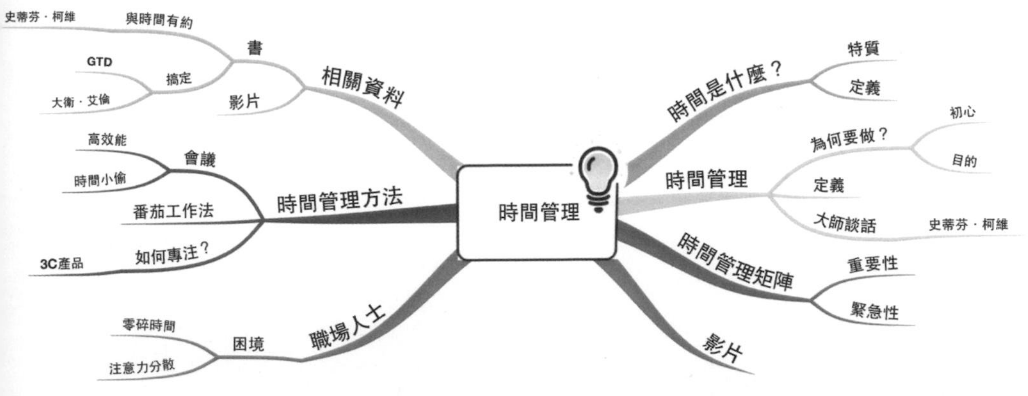

步驟四

開始閱讀相關資料。

我是如此認為：「我不可能精通所有內容，但我可以透過閱讀而讓自己的立足點站在巨人的肩膀上，而非從零開始。」閱讀相關資料時，我也會把相關重點都整理進去心智圖之中。在閱讀中一定會發現有一些內容是重複的，不用把不同寫法都寫上去，但要特別註明，如果每本書或相關資料都提到的內容，基本上就表示那是非常重要的關鍵內容，在時間管理領域中非提到不可，那就是時間管理最核心的重點之一。

這樣整理之後，教案就有了雛形架構，再把相關教學活動以及時間放上去，就會是一份短時間發想出來，但也有相關重點的教案了。

當然，這樣還不足夠，我還會使用 Google 查詢目前時間管理相關教材，來檢視並確認自己規劃課程的方向，以及篩選出目前大家最關注的議題是什麼，以及目前最好用的時間管理工具又是哪些，最近 App 更新十分快速，我認識時間管理高手常用的軟體像是 Evernote、Google Keep、Trello 等，有些軟體我不知道也不熟悉，剛好趁機學習新事物。

我覺得時常抱持著這樣空杯的心態去做事情，每一次都會有新體驗跟收穫！

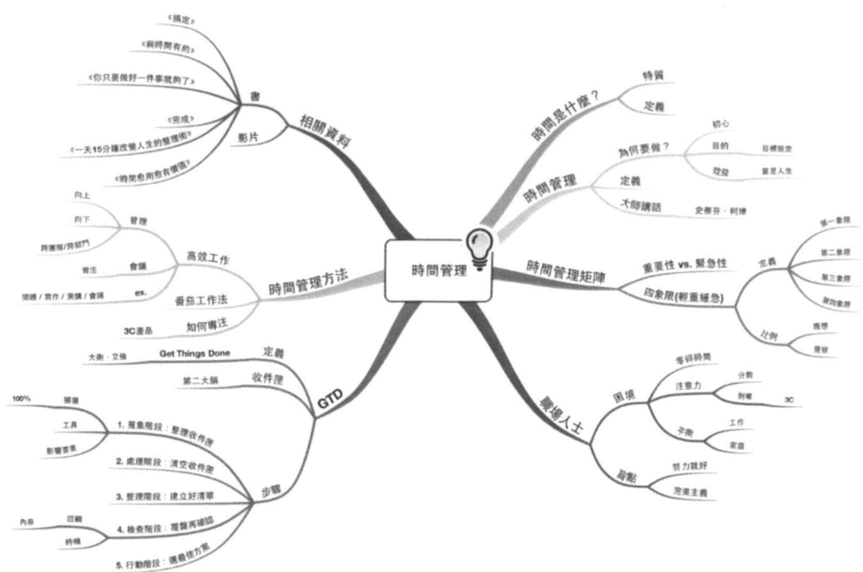

透過上面的四個步驟，其實會發現現在自己寫一份全新的企劃案時非常迅速，這四個步驟我目前大概 30 分鐘到 60 分鐘就可以完成。

客戶跟合作夥伴都嘖嘖稱奇，我如何高效率產出各種教案企劃，其實就是依照上面心智圖法發想四步驟來進行腦力激盪！其他的專案我也是用同樣的方式來展開腦力激盪，效果顯著。

Note 趙老師小提醒

我知道市面上依然有好多種方法，像是便利貼、魚骨圖、豐田 A3 表格等等，我非常推薦大家可以多多嘗試，不一定只用心智圖，找到自己最喜歡、用得最順暢的方法，然後一直練，練成精！把一套工具刻意練習用到專精，找到有效思考方法，慢慢就會發現自己出現高效率的成果。

1-2

職場心智圖更需要文字思考，而非圖像

説到心智圖法，其實很多人在接觸心智圖法的過程之中，經常內心有以下糾結：「覺得自己所繪製的心智圖一定要圖文並茂，但是卻常常卡在自己不擅長畫圖，而覺得自己要能夠掌握心智圖法這項強大工具難度很高。」

當自己設定的心理障礙提高，也就不願意投入，甚至就完全不想學習了，實在很可惜。因為心智圖其實並非一定要會畫圖！

我剛開始學習的時候，也曾有這樣的迷思，所以自己研習多年心智圖法後，覺得一定要把這差別説明清楚，才能夠讓大家更願意接觸並使用心智圖法，也才能真正激發思考。

全部文字、不會畫圖，也是心智圖

我們看到很多心智圖範例都是「文字」加上「圖像」，大部分人接觸心智圖法，都會吸收到圖像很重要這樣的觀念，只是少了應用場景，就會覺得自己實際操作上受到限制，心裡面可能會覺得心智圖一定要畫圖，覺得沒有圖自己心裡不踏實，然後會有小聲音質疑自己如果畫得不好看，還是心智圖嗎？

其實我要特別說明一個觀念，心智圖是有不同形式的！

如果我這樣拆解：「心智圖＝文字＋圖像」，那麼我們就會發現心智圖法有分三種呈現形式：

- **「全圖像（無文字＋有圖像）」**
- **「全文字（有文字＋無圖像）」**
- **「圖文並茂（有文字＋有圖像）」**

其中很重要的是，「全文字（有文字＋無圖像）」也是心智圖正確形式，這點要特別跟大家強調一下。

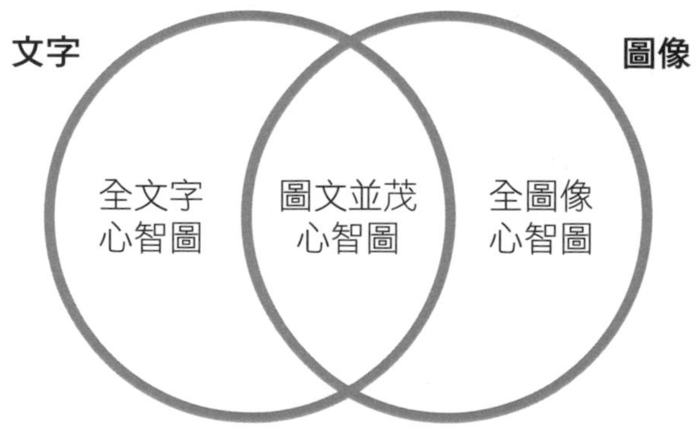

圖像是記憶輔助，文字是思考主角

而就我自己使用心智圖法這十幾年以來，圖像對我來說比較像是一個輔助，我主要用在兩種情境：

- **「關鍵重點，用圖像強化記憶」**
- **「記不起來的連續項目，用圖像增強聯想」**

> **就我的認知裡面，心智圖法比較像是一個以「文字是主角，圖像為輔助」的思考模式。**

但這並不是說圖像就完全不重要，坊間我們看到很多心智圖都是圖像呈現，圖像呈現也是很重要的一環。這樣講圖像重不重要可能會你覺得很混亂，那應該怎麼拿捏比較好呢？我思考後發現，心智圖的圖像比例多寡可能跟使用的年紀有關係：「如果是孩子與青少年，或許圖像可以增強他們的思考能力。但是對成人來說，其實文字的抽象思考能力已經是具備的。」

為什麼這麼說呢？

因為在台大心理系求學的經驗，加上最近孩子逐漸成長的關係，我也重新閱讀兒童心理學的發展歷程，就讀到著名發展心理學尚·皮亞傑的相關理論，如獲至寶！這我就要先介紹一位近代著名發展心理學家尚·皮亞傑（法語：Jean Piaget，1896 年 8 月 9 日－1980 年 9 月 16 日），他的認知發展理論被公認為 20 世紀發展心理學上最權威的理論，成為了該領域的典範。

所謂「認知發展」是指個體自出生後在適應環境的活動中，吸收知識時的認知方式以及解決問題的思維能力，其隨著年齡增長而改變的歷程。皮亞傑的研究方法不採用當時流行的實驗組及多人資料統計的方式，而採用對於個別兒童（他自己的女兒）在自然的情境下連續、細密的觀察紀錄他們對事物處理的智能反應，屬於質性研究。而他這種研究方式，廣為現代兒童心理學家所採用。

皮亞傑最著名的認知發展理論，是他把兒童的認知發展分成以下四個階段：

1. 感覺動作階段（Sensorimotor，0-2 歲）：

靠感覺獲取外界訊息與經驗，用感覺、動作、聲音作為與外界刺激溝通管道。

2. 前期運思階段（Preoperational，2-7 歲）：

逐漸會運用肢體動作、語言、符號等特徵來説明外界環境的人事物，開始具有基礎的推理能力，邏輯尚待建構中，相對會以自我為中心。

3. 具體運思階段（Concrete Operational，7-11 歲）：

能使用具體物品做為輔助物，有效協助思考。

4. 形式運思階段（Formal Operational，11-16 歲）：

開始能夠掌握邏輯思維和抽象思維，將所學概念類推應用。

所以依照皮亞傑的認知理論，當孩子成長到 11 歲才會開始抽象思考，所以在孩子小時候你跟他講太多文字內容，孩子是難以吸收的！比如說你要教導幼稚園孩子學習「1+2= ？」，那你會怎麼教導孩子呢？他們目前連運算規則都一知半解，甚至連數字 1-10 順序跟大小都有困難。在基礎未穩固之前，就要孩子用抽象思考計算，無疑是希望孩子一步登天！難度極高！所以我們就該換另一種方式，先確認孩子對於數字 1-10 順序跟大小都能夠順利理解，之後就要用具體圖像來教導計算。

你就可以畫圖跟孩子說明，跟孩子說明「一個蘋果加上兩個蘋果等於三個蘋果」。而當孩子大一點小學時期，就會學習「1+2=3」。

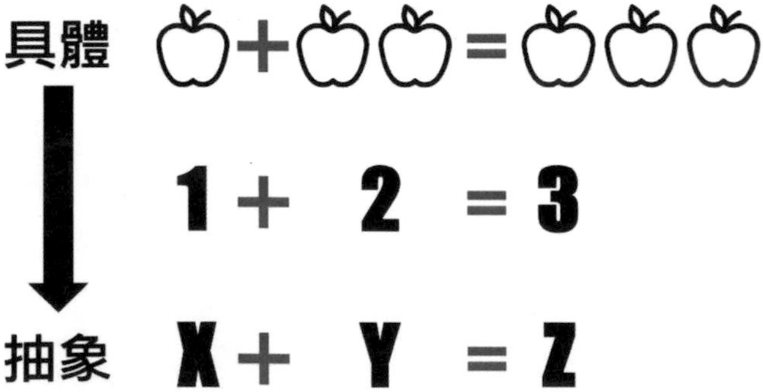

具體

1 + 2 = 3

抽象 X + Y = Z

之後到了國中，就會開始學習代數，研究當我們對數字作加法或乘法時會發生什麼，以及了解變數的概念和如何建立多項式並找出它們的根，所以代數屬於抽象思考的範疇，這也是很多國中生數學突然變得不好的原因，因為數學科目大量出現以下符號，像是「X+Y=Z」。而成人世界中，又更多需要抽象思考跟溝通的內容，這跟皮亞傑的理論大致符合。

職場工作用文字思考，更有效解決問題

我曾經遇過一個學員寫信跟我課後反應説他的困擾，他説在他學習心智圖法後，反而工作有一些不必要的困擾，他的故事是這樣的。

我們就暫且稱呼那位學員叫做小鈞好了，他是某公司的中階主管，小鈞信奉「有用就用」的概念，在所有的工作場合都改用心智圖法做筆記，但有一次在開全公司經營管理層會議的時候，他就直接在會議中裡面畫圖。剛好到老闆就在發表談話，很多同事會專注聆聽大老闆的講話，唯有小鈞他拼命地低頭做筆記，老闆留意到這樣的情況，老闆就稍微走過去，用眼角看到小鈞在畫心智圖的重點圖像，這時候老闆有點不太開心，會後輾轉透過秘書得知老闆的話語：「老闆覺得我在做重要講話，而你在做什麼？在畫圖？」

老闆還特別交代小鈞的主管回去溝通，小鈞就覺得自己真的很冤枉。

後來發現主要原因是因為老闆並沒有學過心智圖法，老闆就認為你在會議中畫圖是一件比較不正經的事情，甚至會覺得是不是完全不想聽我講話，還好後來小鈞有機會跟老闆報告時，特別去解釋一番，才化解老闆對他的負面觀感。

我想想這是小鈞運氣好，還有機會可以跟老闆報告解釋，如果是沒有任何機會報告解釋呢？是不是會因為圖像而造成不必要的誤會，甚至影響自己在該組織的發展呢？如果這樣就得不償失了。

“因此，我會建議職場成人
使用心智圖法的最佳模式是：
「文字為主、圖像為輔」的心智圖形式。”

1-3

思考整理並不難，只要打破迷思

分類決定了你的效率

心智圖法有一個非常重要的概念與步驟，那就是「分類」。

什麼是「分類」呢？「分類」就是把「相類似特色」的東西歸納在一類裡面。其實，我們生活當中充斥著許許多多的分類，以至於我們能夠直覺性決定許多行動方案，也才更能高效率生活。

我舉個案例：不少高效能職場工作者都會盡量簡化自己生活，就以衣服為例，最簡約的目前當屬臉書創始人祖克柏（Mark Zuckerberg）、及已故「蘋果創辦人」賈伯斯（Steven Jobs）的穿著，好像總是穿一樣的衣服，但所創造的企業依然都是世界頂尖。這也是一種思維分類所得到的成果，把自己的時間分類成「有產值」跟「沒產值」兩類，透過簡化自己穿著衣物款式來減少沒產值的時間浪費，也相對增加可以投入在有產值的時間當中，所以我覺得這樣的方式也是分類的生活應用之一。

既然分類這麼直覺了，為什麼有時候我們還是做不好分類呢？譬如說，我有一個好朋友在國外上課發生一個趣事，他邊上課邊旅遊，到了某個觀光景點時，因為內急要找廁所，傳統台灣男廁是一個藍色 Logo，女廁是一個紅色 Logo，他老兄可能太急，急忙跑到洗手間去，一看到藍色就衝進去，結果引來尖叫聲此起彼落，為什麼呢？因為他老兄跑到女廁去了，剛好那間廁所男廁 Logo 用紅色表示，女廁 Logo 用藍色表示。他回來說給我聽時，我捧腹大笑，當然也會思考為什麼他會發生這樣的趣事呢？正是因為根深蒂固的分類觀念。所以如果能夠搞清楚分類系統，其實很多事情都能夠上軌道。

我發現其實現代職場人士希望自己要能夠高效率工作產出，也都使用到「分類」這個概念， 像是我自己覺得要有好的工作效能，就要有好的工作環境，所以我也會定期整理自己的書桌，然後把工作時經常使用的東西挑出來，把這些相關用品按照使用頻率來排序：每天都要使用（筆電／AirPods／充電器）、幾天才會使用一次（iPad Pro）、每週用一次、每月用一次的物品等等，這樣就可以節省我找尋的時間。

或是我們經常使用的時間管理矩陣也是一種分類結構，時間管理矩陣是美國艾森豪總統（Dwight D. Eisenhower）所提出來的，稱之為「艾森豪矩陣（Eisenhower Matrix）」，我自己學習到的則是出自成功學大師史蒂芬．柯維（Stephen Covey）先生發揚光大，柯維先生他所著的暢銷著作《與成功有約：高效能人士的七個習慣》一書中特別提到成功者的第三個習慣：要事第一（put first things first），裡面談論到時間管理矩陣，這正是時間管理的精髓所在。

時間管理矩陣的四象限表，運用「緊急」與「重要」兩個維度來把自己的事情做分類，然後依照四象限的類別分割，把自己的事情都擺放進去，就可以釐清自己的時間花費在哪裡了。四個象限分別是：

- **第一象限：重要＋緊急**
- **第二象限：重要＋不緊急**
- **第三象限：不重要＋不緊急**
- **第四象限：不重要＋緊急**

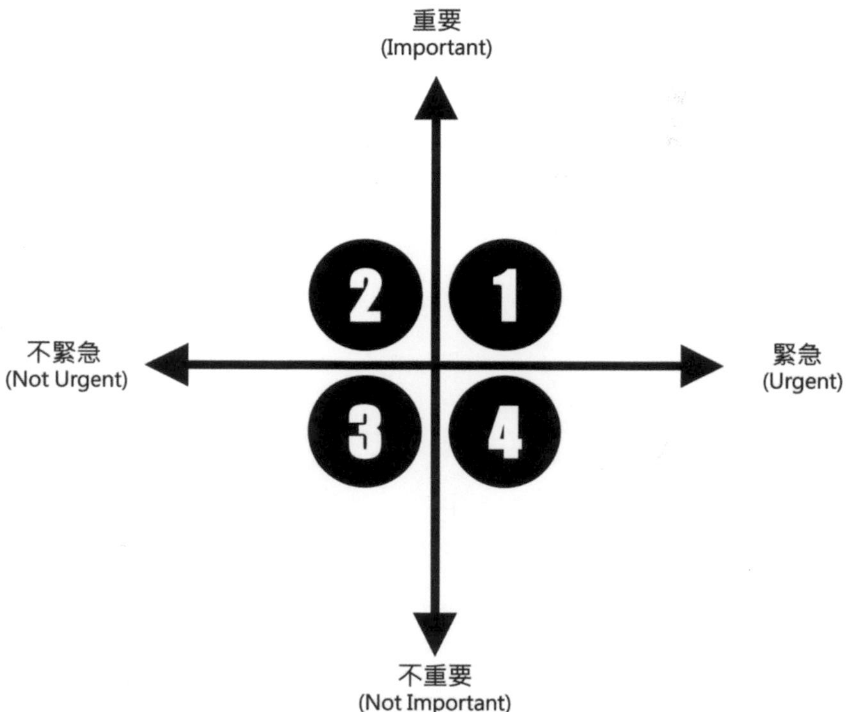

多數人每天都忙於第一象限（重要＋緊急）的事情居多，然後會覺得自己經常在救火而備感心力憔悴，壓力太大的時候就會選擇逃避，進而去做一些第三象限（不重要＋不緊急）的瑣事轉移注意力，但並沒有消除自己內心壓力。

成功學大師史蒂芬・柯維先生提出要聚焦第二象限（重要＋不緊急）的事情上，這樣就能夠迅速掌握重點，並讓重要事物一一完成，避免自己疲於奔命。

這也是分類的一種實際應用。所以說，學好分類非常重要！

分類不怕邏輯難，可以從直覺出發

雖然這樣說，但是很多同學沒有完全信服這樣的解釋，主要是覺得分類很難，覺得自己不會邏輯思考。

但其實分類可以依靠我們的直覺出發。

分類是一種邏輯、歸納整理的技術，就是把不同層級分類單位之間形成母子分類的關係。舉例而言，車子是一種交通工具，因而車子是交通工具的子分類。

我覺得分類是一種包含的概念，就像在數學裡面有一種概念叫做集合，就是類似的部分放在一起。舉例來說，咖啡／蛋糕／餅乾，我可以給他一個更大的集合來包含這些內容，像是「下午茶」，所以一想到下午茶，就會幫助我們聯想過去這幾個區塊的內容。若是當中我再加入鋼鐵人進去下午茶的範圍當中，是不是覺得很突兀呢？是的，鋼鐵人應該要移到電影或是漫畫類別才是。

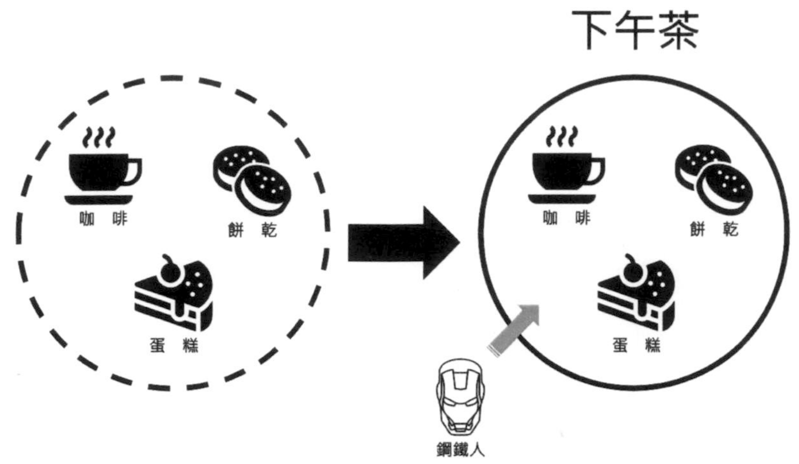

有些同學會說：「不會呀，鋼鐵人放在下午茶裡面不會很奇怪，你可以想像鋼鐵人吃下午茶啊！」

我說：「那這樣你主幹的內容就要改成鋼鐵人吃下午茶，應該比較符合吧？如果下午茶的主幹內容不調整，鋼鐵人放在這裡面就很突兀！」我來舉一個例子，下午茶是個整體範疇，種類可以有很多種，可以有鋼鐵人下午茶，也可以有迪士尼下午茶，當然也可以有美少女戰士下午茶等等，所以如果變成鋼鐵人下午茶，那範圍就會縮小，下午茶概念也不是原本的概念，所以用圖示就可以清楚來說明。」

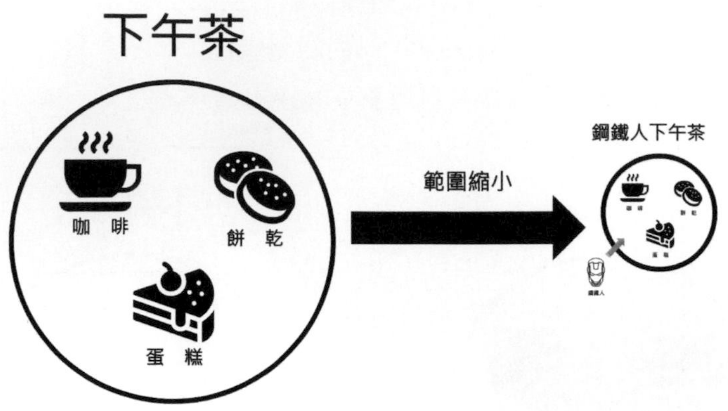

> **換句話說，集合也是一種階層的概念，**
> **小集合所擁有的特徵，大集合也一定都有。**

把握這個原則，你的分類就會變得更好。

 分類是用來刺激思考，而不是比較優劣

我發現學員剛學完心智圖法之後，最容易產生困擾的就是「分類」。怎麼說呢？這要從一個中學學校的演講談起，當天教完心智圖，最後下課時，很多位老師都留下來問問題，有位陳老師很認真，但是感覺神色很緊繃。等到輪到她時，她就拿出來好幾張心智圖來問我說：「老師，每個人思考的邏輯都不盡相同，怎樣的分類才是好分類呢？我跟別人的心智圖分類不一樣，老師，你覺得哪一種分類比較好？」

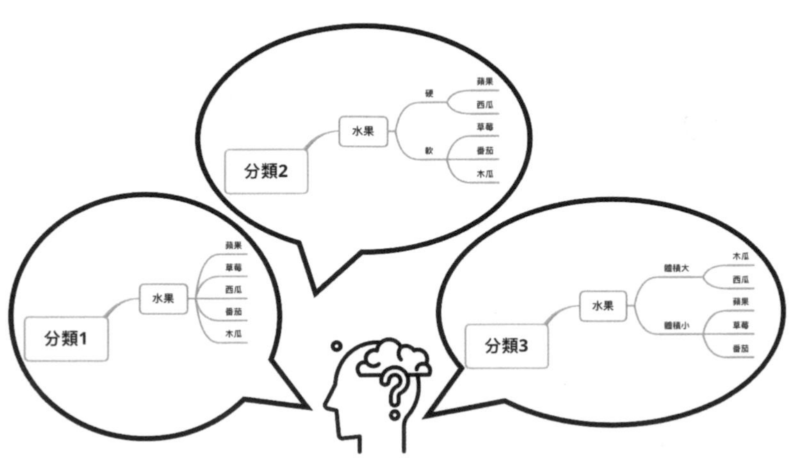

掃描 QR Code，看心智圖
實際操作影片

我仔細閱讀一看，發現這是同一份內容，但是心智圖的分類方式很不同。我就請教陳老師：「我仔細看過了，都整理的很不錯，很好奇你目前遇到的困難在哪裡？」

陳老師說：「其實我過往在其他單位也有上過心智圖，接觸心智圖已經是第五個年頭，所以基本概念我都了解，只是在分類上我依然有很大的障礙點，我發現每個分類都可以再做更詳細的分類，像是下午茶裡面包含有咖啡、餅乾、蛋糕等內容，我也可以繼續細分下午茶包含飲品類，如：咖啡、茶、牛奶、碳酸飲料，而甜點蛋糕、餅乾、馬卡龍……等等，那我該分類分到什麼樣的程度才夠呢？我問了很多人，都沒有一個答案，我該怎麼辦？」

我說：「陳老師也別太沮喪，你也花了很多時間畫這些心智圖，透過不同角度來分類，我覺得都很棒，只是你覺得哪一張心智圖你最有感覺？」

陳老師：「最有感覺？我不知道什麼叫做對心智圖有感覺？」

我說：「我換個方式請教你好了！你最直覺的方式會怎麼分類呢？」

陳老師說：「我最直覺的方式就是這張心智圖的分類。」

我說：「這樣很棒歐！那你就依照這張的邏輯做分類就好！」

陳老師驚訝地說：「就這樣分就可以了？那我其他張心智圖怎麼辦？」

我說：「就當作是挑戰自己跟擺脫自我慣性思維的一種練習！」能做出這樣的練習很棒，只是不要逼迫自己哪一個比較好，因為這不是心智圖法的主軸。

> **心智圖法的主軸應該是如何**
> **讓我們展開清晰思緒、進而應用出來，**
> **決定想法與行動的過程。**

不要反而陷入工具的迷思，而讓工具限制成為我們無法前進的阻礙藉口。就用自己直覺的方式做心智圖，讓自己專注沈浸在那樣清楚的思緒當中，給自己多一些空間來沈澱，我相信你很快就能突破這個盲點，做出自己輕鬆又滿意的心智圖！

Note 趙老師小提醒

不管做任何分類，請記得我們做心智圖的初衷：是能夠幫助我們更有效率，所以只要自己看得清楚，容易記得住，那這就是一張很棒的心智圖。就我而言，可能我在不同時期閱讀一樣的素材時，我都可能有不同的分類拆解方式了，因為心境跟學習狀態都不同，所以不用糾結在這樣的問題當中。

1-4

如何利用心智圖法思考強化記憶

分類，可以強化我們的記憶

我現在讓大家做一個測驗，請大家放下紙筆，只用眼睛看跟大腦想，請拿出你的手機設定計時器，之後用一分鐘的時間來「依照編號順序」記得這十五項內容：

1. 青蛙	6. Clubhouse	11. 哈密瓜
2. LINE	7. 草莓	12. 鬼滅之刃
3. 香蕉	8. 臉書 facebook	13. 羚羊
4. 海賊王	9. 火影忍者	14. 蓮霧
5. 老鷹	10. Instagram	15. Twitter

請大家試試看，之後，請把記得的內容默寫下來，看看自己能夠記得幾個內容。通常大家記得的個數大約是 5 ～ 10 個左右。

根據美國認知心理學家喬治・A・米勒（George A. Miller）1956 年在 <The Psychological Review> 發表的文章，我們訊息加工能力的侷限是 5 ～ 9 個，也就是知名的「7±2 原則」。

但這規則後來有被檢視出來是一個迷思，Cowan, N. 在 2001 年有提出一項研究論文，發現現在年輕人的工作記憶能力為「四」個區塊，這也比較符合我們的觀察，就像我們記憶電話號碼「0912345678」通常會怎麼記憶呢？通常我們都會把這個號碼拆解成三個區塊「0912」＋「345」＋「678」來記憶，所以通常我在寫電話時，也會把電話分組，「0912-345-678」，以方便客戶／窗口來電使用。這也是分類的實際應用。

你會發現前面的練習，「依照編號順序」記憶是一件很難的任務，因為彼此之間的關聯性不高，這時候只好使用記憶術，像是只記第一個字「青老羚香草哈蓮海火鬼 LCFIT」，只是這樣記憶是很難記起來的，所以我們也要用分類方式來斷句，像是「青老羚香草哈蓮，海火鬼，LCFIT」把這十五項分類成三組，也就相對容易記得。

但是即使已經分組，因為還是硬背，回想中不容易回想，過沒多久就會遺忘一大半。那我該怎麼辦呢？

“

請大家記住一句話：分類分得好，內容記得牢！

”

讓我們試試看用心智圖做出強化記憶的分類。

用心智圖法分類，記憶瞬間強化

那要怎麼畫心智圖來分類呢？以下跟各位報告步驟。

步驟一

請各位可以拿出一張 A4 的空白紙橫放。

步驟二

在中間中心主題寫上分類練習與畫出四條主幹。（若你分類超過或少於四條主幹都沒有問題，因為分類無好壞，只要自己能夠辨別就好！）

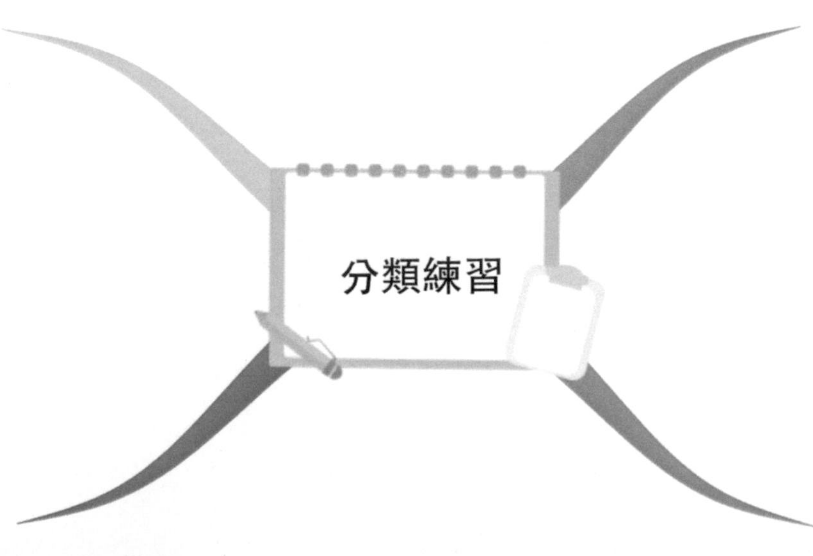

步驟三

之後把 15 項內容就相近程度分類在支幹當中，並填寫主幹名稱。

當分類分完之後，我相信你也已經記起來了，不過這次跟之前強迫記下來的方式不同。

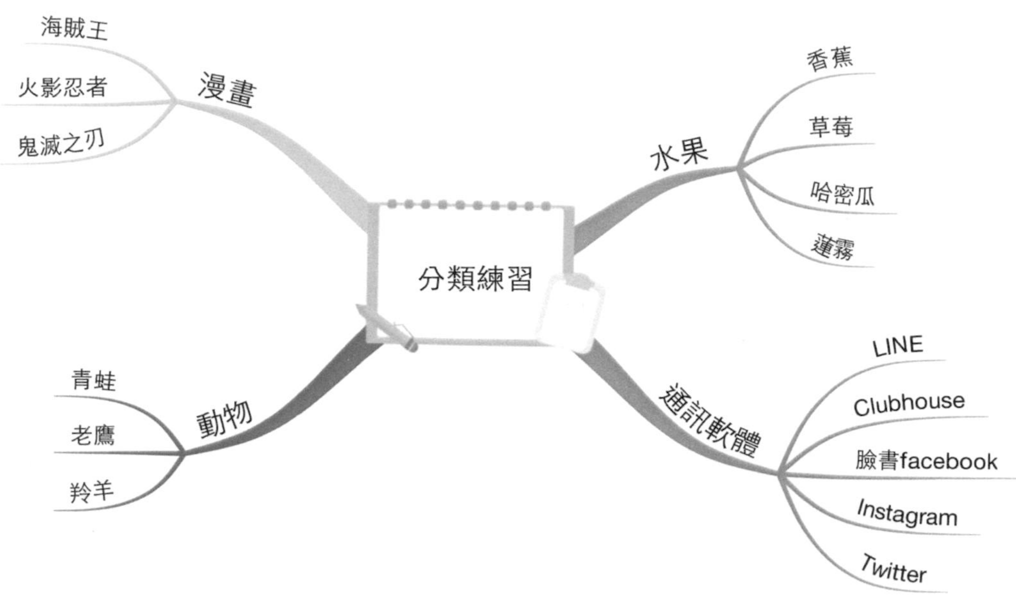

你可以嘗試看看，拿出一張紙重新把這十五項內容寫下來，讓自己用聯想的方式來回想哪十五項內容，是不是我們腦中第一個會出現的關鍵字是四個主幹名稱，像是動物，想到動物就馬上聯想到後面的支幹，上面寫著青蛙、老鷹、羚羊。主幹想到通訊軟體，馬上就會聯想到 LINE、Clubhouse、臉書、Instagram、Twitter。其他的依此類推。

你會發現一項驚人事實，那就是自己原來可以很有效率且不費力氣地把這十五項內容都記住！過去記不起來，很多時候只是想要把它硬背下來交差了事。

只要分類清楚，都能夠常迅速地讓自己記憶深刻。所以說：分類分得好，內容記得牢！

心智圖法分類的小技巧

最後，我提供兩個心智圖分類的小技巧，當作大家練習時的參考。

○ **分類不要分太細，謹記 7±2 原則，或是用四個分類為原則思考。**

數量太多的時候，請務必分類再分類，分類數量以自己容易記得為主要考量。

○ **分類的關鍵字以簡潔容易聯想為主！**

像是上面水果分類有香蕉、草莓、哈密瓜、蓮霧，如果我們用界門綱目科屬種來做分類，草莓會變成薔薇亞科委陵菜族草莓亞族，哈密瓜會寫成甜瓜屬，香蕉會變成芭蕉科芭蕉屬，蓮霧則會寫成桃金孃科，你有沒有覺得，明明只是四個水果而已，卻讓你瞬間腦筋大亂呢？所以一切以簡潔容易聯想為主！

1-5 如何善用心智圖法輸入學習與輸出想法

請問大家有使用過 Google 搜尋嗎？若你下週跟朋友約台北車站聚餐，朋友請你找餐廳，請問你會怎麼查詢 Google ？你可能會輸入以下文字：「台北車站 _ 餐廳」，就會出現很多餐廳選項可以挑選。我則會建議大家增加「推薦」兩字，因為台北車站附近的餐廳也有不好吃的店，若是 80 ～ 90% 的網友推薦，基本上都是很不錯的店家。然後你就會挑選幾家不錯餐廳跟朋友討論，之後致電訂位，期待與朋友們一起享受一個愉快時光。這樣聽起來真的是很棒！

那我想請教大家的是，我們剛剛輸入的文字叫做什麼呢？

沒錯，就是關鍵字！那我想請教各位：「什麼是關鍵字？」

我相信一定有人會覺得我在講廢話，你提到的這大家都知道啊！好！那請解釋一下什麼是關鍵字？你會發現，你開始支支吾吾了起來，為什麼呢？因為你覺得這基本到無法再更基本，就如同常識一般：「關鍵字就是『一眼看到就能夠掌握與聯想重要資訊內容的文字』，通常是以名詞或動詞的形式出現居多。」

“

為什麼是名詞與動詞呢？
因為名詞加動詞可以變成一個動作、一個行動，
而所有的事情進度推進，
都是由一連串動作、行動堆疊累積出來的。

”

舉例來說，像是女生最喜歡男生對他說：「我愛你」三個字。「我」跟「你」是名詞，「愛」是動詞，所以這就組成一個行動。而這個行動中的關鍵名詞就是我、你，而關鍵動詞就是愛，其他的依此類推！

如何抓出關鍵字重點？

回到我們剛剛找餐廳的議題上，輸入關鍵字查詢 Google，對我們來說沒有問題，但為什麼當自己徒手要整理大量資訊時，我們反而常找不到重點關鍵字呢？根據我的觀察，這是因為沒有掌握重點關鍵字的訣竅導致。

而在了解抓關鍵字的訣竅前，讓我們先來做個演練吧！以下是一段從維基百科找到的文字，有關全球暖化，總共 275 個字，請用 30 秒鐘時間內閱讀完：

「全球暖化（Global Warming）指的是在一段時間中，地球的大氣和海洋因溫室效應而造成溫度上升的氣候變化現象，而其所造成的效應稱之為全球暖化效應。在 20 世紀時，全球平均接近地面的大氣層溫度上升了攝氏 0.74 度。普遍來說，科學界發現過去 50 年可觀察的氣候改變的速度是過去 100 年的雙倍，因此推論該時期的氣候改變是由人類活動所推動。二氧化碳和其他溫室氣體的含量不斷增加。正是全球暖化的人為因素中主要部分。燃燒化石燃料、清理林木和耕作等等都增強了溫室效應。自從 1950 年，太陽輻射的變化與火山活動所產生的變暖效果比人類所排放的溫室氣體的還要低。這些結論得到 30 多個來自八大工業國家的研究團體所確認。」

接著，請回答下面一系列問題：

- **問題一：地球的大氣和海洋因溫室效應而造成溫度上升的氣候**

變化現象，而其所造成的效應稱之為？（全球暖化）

- **問題二：在 20 世紀時，全球平均接近地面的大氣層溫度上升了幾度？（攝氏 0.74 度）**
- **問題三：過去 50 年可觀察的氣候改變的速度是過去 100 年的幾倍？（雙倍）**
- **問題四：氣候改變速度加快，推論出什麼主要原因？（人類活動）**

這些問題，請問你可以全答對嗎？我統計下來全對的大概只有三分之一左右，你這時會不會心中出現一個想法：「奇怪，為什麼別人有看到重點，我卻一點印象都沒有呢？」如果你內心浮出這樣的疑問，那就是沒有掌握到抓重點的訣竅所致！

通常學員問完這個問題後，就會緊接著問下一個問題：「那什麼樣的內容才是重點關鍵字呢？」以下是我過往閱讀經驗，整理出來的關鍵字的訣竅：

1. 專有名詞：

- **像是我經常接觸的商業領域：Fintech、工業 4.0、平台、Uber、Airbnb 等，各個領域都有其專有名詞，剛開始接觸一定需要花費比較多時間，但建議都是要深入了解名詞定義，避免後面相關名詞比較時反而混淆，將會花更多的時間閱讀研習。**
- **其實有比較快的方式可以幫助我們累積背景知識，怎麼做呢？每看到專有名名詞時，我腦中都會浮現五個問題：**

- 這是什麼？
- 為什麼會產生？
- 這有什麼用處？
- 這要如何運作呢？
- 這會產生什麼衝擊？

○ 這幾個問題看似簡單，基本上也包含了 Why、How、What 等最關鍵的議題，以及有什麼用處與衝擊等延伸性問題，回答完這幾個問題，大概就能了解大概七八成左右的內容。這些就是關鍵字重點。

2. 人事時地物：

○ 如果是閱讀歷史或新聞事件，人事時地物都是很重要的關鍵字。

3. 計算單位：

○ 單位出現一定要多多留意，舉例來說：大家以前小時候一定都有遇過這樣的經驗，小明身高 150 公分，小華身高 180 公分，請問小華比小明高幾公尺？很多人會寫 30 公分還是 0.3 公尺呢？所以如果有單位計價，請務必要多多留意單位換算！

4. 有比較意涵：

○ 像是比大小或是比高低，都是要留意的部分。像生活中有非常多對比的意涵，譬如說經常隨處可見的整形診所廣告，通常都會有比較，整形前 vs. 整形後，通常都會看到顯著對比，這也是為了讓大家印象深刻。

心智圖法思考第一步，抓出重點關鍵字

我們用心智圖法整理思考，可能是要刺激想法，也可能是要自己更有效率吸收學習。

但有很多朋友，心智圖畫得很繁雜，基本上什麼內容都放上去，這樣就跟閱讀原來資料沒有兩樣了。

「這時候，
思考、學習過程中的轉折詞跟關聯詞等等，
不會影響我們了解內容的文字，都可以忽略不記，
但是跟邏輯關係有關的名詞、動詞關鍵字，
就是畫在心智圖上的思考重點。」

你也可以在下次做心智圖時，問問自己：「如果這些關鍵字不放進去，會影響到理解程度嗎？」如果會，請選擇將關鍵字加入心智圖。那如果不會呢，就毅然決然刪除，不放進去心智圖吧！表示這些內容在你理解當中不是重點。大腦容量有限，請記憶關鍵重要事項，不然記憶一堆無關緊要的事情，只是徒增自己能量消耗。

只有把關鍵字呈現在心智圖當中，這樣你的心智圖才會精簡有效，並且記憶深刻，因為寫進去的內容都是跟你思考模式有共鳴的內容。如果之後還要修改，就再隨時補充進去就好。再者，千萬不要有「完美心態」，嚴格要求自己一定要一步到位，通常這太難做到了，通常會讓自己心情低落，我覺得不需要讓自己經歷這樣的狀態，應該轉個念頭，從「完美心態」變成「完成心態」，一次心智圖沒有做完整，就讓自己可以很多次修改調整逐步完善就好，彈性相當大。

善用關鍵字心智圖，更精簡「輸入」知識學習

很多人在了解關鍵字選擇原則之後，會覺得這部分依然會有所遲疑，就是真的全部關鍵字都要抓出來嗎？還是有沒有取捨標準？我想用另外一個角度説明，那就是「知識」跟「常識」。請問各位讀者，「知識」跟「常識」有什麼差別呢？

根據維基百科對於兩者的定義：

○ **知識：**

是對某個主題確信的認識，並且這些認識擁有潛在的能力為特定目的而使用。意指透過經驗或聯想，而能夠熟悉進而了解某件事情；這種事實或狀態就稱為知識，其包括認識或了解某種科學、藝術或技巧。

○ **常識：**

指普通社會上智力正常的人皆有或普遍擁有的知識。

看起來「常識」包含在「知識」當中，這沒有錯，因為我們窮極一生能夠學習的知識極為有限，也僅能在特定領域中鑽研，然後把該領域的知識變成我們自己的常識。那為什麼要講這個呢？因為這知識變成常識是需要大量時間的，但轉變過去之後，基本上就不太會忘記，因為日常工作生活中經常使用。

不知道各位有沒有曾聽到類似話語：「現代年輕人真的程度越來越差、一代不如一代...」，我也曾耳聞過，但我後來都不會這樣説，

畢竟每個時代都有每個時代人的課題要面對處理。我反而會問說：「程度越來越差，你指的是新人不了解我們習以為常的常識嗎？」通常大家都會點頭。我就會繼續問：「請教各位夥伴，我們天生就有這樣的常識嗎？」就會有人回答說：「怎麼可能！又不是天才！當然也是透過學習而來！」我說：「那就對了！當你講出這樣的話語時，其實你可能忘記當初我們自己在學習這些內容時也下了一番功夫，也曾辛苦過一段時間，才有今天的成果。為何我們不能給新人多一點的耐心跟同理心呢？我們應該思考的是，我有沒有辦法用更有效的方式把他教會，而不是抱怨他程度不好，這樣不是更積極嗎？」通常我講完之後，大家就會低著頭，然後我就會鼓勵大家開始思考看看，我們要如何帶領這些新夥伴，讓新夥伴儘速把「知識」轉化為「常識」。

而以剛剛全球暖化的文章為例，我依照剛剛的關鍵字原則，字形粗體的部分就是我認為的重點，再次強調，重點會因為個人經驗而有所改變，當然你也可以選擇屬於自己的關鍵字，圈選的原則重點就是「自己容易記得才是最關鍵的」！

「全球暖化 (Global Warming) 指的是在一段時間中，**地球**的**大氣和海洋**因**溫室效應**而造成**溫度上升**的氣候變化現象，而其所造成的效應稱之為**全球暖化效應**。

在 **20 世紀**時，**全球平均接近地面**的**大氣層溫度上升**了**攝氏 0.74 度**。普遍來說，科學界發現**過去 50 年**可觀察的**氣候改變的速度是過去 100 年的雙倍**，因此**推論**該時期的氣候改變是由**人類活動**所推動。**二氧化碳**和其他**溫室氣體**的**含量不斷增加**，正是全球暖化的人為因素中主要部分。**燃燒化石燃料**、清理林木和**耕作**等等都**增強**了溫室效應。自從 **1950 年**，**太陽輻射**的變化與**火山活動**所產生的變暖效果比人類所排放的溫室氣體的還要**低**。這些結論得到 30 多個來自八大工業國家的研究團體所確認。」

圈選起來之後，就可以做成以下的心智圖，這樣的心智圖筆記大約才 50 ～ 60 個字，比原先 275 個字的內容少了許多，同一時間裡面可以複習的次數又更多了，當然也能夠更加熟悉內容，心智圖法真是太神奇的工具了。

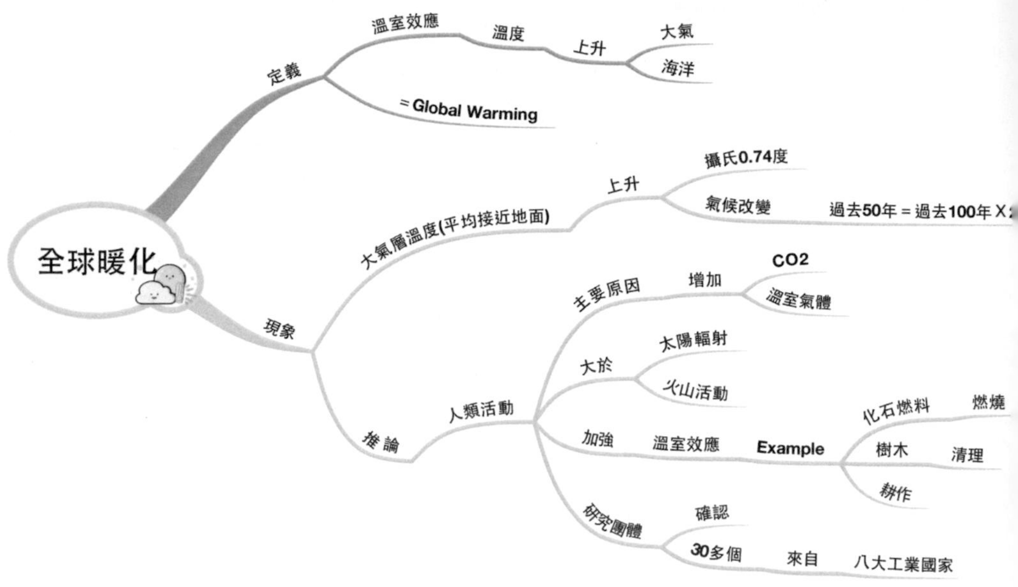

善用關鍵字心智圖，高效率「輸出」自己的想法

那上述是歸納資訊運用關鍵字的相關操作步驟，也就是做資訊輸入（Input）的操作步驟，但平常我自己在使用關鍵字時，還有另一種用法，那就是資訊輸出（Output）。所以下面我想說明的是我做輸出時關鍵字的用法，也就是如何把我的想法、思考、點子用關鍵字描述。

我覺得資訊輸出要有目的，因我過去背景與工作性質，大多時候輸出都是為了創造或是解決問題，但如果每次輸出都要無中生有，我認為效率不高，所以我會大量使用不同的框架來幫助我思考，借用很多框架來輸出，就相當於站在思想巨人的肩膀上，我也可以更高效地產出。（這想法後來在閱讀《窮查理的普通常識》一書中得到證實，查理．蒙格先生腦中總有 70 ～ 80 個框架模型，可以幫助我們快速識別問題與找到解決方案。）

這時候，我會用下面四個步驟來思考心智圖：

步驟一

像我之前在寫企劃案時，我就會先去做現況盤點，但是過往思考也曾搞不清楚目前有什麼資訊而一直繞不出來鬼打牆，我就會運用幾個框架，像是「6W3H」、「5W2H」、「3W1H」等做相對應的關鍵字搜集，讓我自己的大腦思緒可以聚焦。

步驟二

之後我就會思考這個企劃案希望解決問題到什麼程度的目標，就會把目標透過 SMART 原則（SMART 原則由管理學大師彼得·杜拉克於 1954 年首先提出。SMART 原則便是為了達到這一目的而提出的一種方法，目前在企業界有廣泛的應用。SMART 原則分別有五個區塊：具體（Specific）：目標明確清楚。量化（Measurable）：要有具體衡量指標。可行（Achievable）：目標要是可實現的，而非遙不可及的目標。相關（Relevant）：管理者必須思考，你設定的目標跟公司成長是否相關。時效（Time-based）：要訂出明確的時程表。

這樣做就可以幫助我自己快速把腦中的內容倒出來到紙面上，也因為如此，所以我就可以延伸往下展開後續內容，反正先把想到的內容都先寫在草稿上，頂多就只是一張紙而已，但我卻可以因此節省更多寶貴時間並透過可視化關鍵字讓我的想法可以思考更加周全全面，其實非常划算。

步驟三

再來是找尋現況跟目標的「差距」有什麼關鍵原因／解決方案，就一一把關鍵字寫下來，這時候不用太嚴謹沒關係，重點是自己看得懂就好，一切以快速把大腦中的想法傾倒出來為主。

步驟四

每一個關鍵字都是一個連結口，我可以透過一個關鍵字搭配「水平思考」與「垂直思考」想到非常多的內容，當我們自己把心中的限制與思維的枷鎖拿掉之後，相信自己寫下來的都是好的，相信自己寫下來的都有助於推進行動往目標更近一步，這是我覺得在產出書寫關鍵字時非常重要的心態調整。

1-6

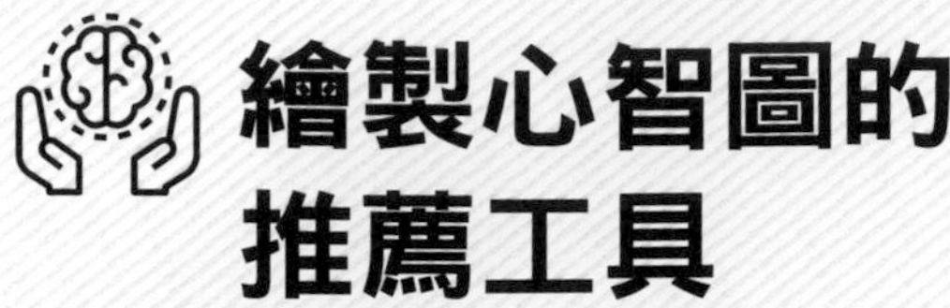

繪製心智圖的推薦工具

手繪心智圖要避免使用的工具

心智圖法有兩種製作形式，分別是紙本手繪與電腦製作，這兩個工具我都很常使用，但對我來說用途不太一樣，而且現在科技越來越發達，中間的界線也越來越模糊，很多手繪的動作其實都可以在電腦中完成，蘋果電腦開發出 iPad Pro 與 Apple Pencil 就是要讓設計師做出更好的手繪設計。

我就將紙本手繪跟電腦製作的心智圖分別會用到的工具與推薦用品做了一些整理，並一一跟大家說明，當然這些都只是我個人多年使用心得，並非絕對一定要照這樣做，只是提供給大家參考，各位讀者也可以根據自己的使用習慣來調整。

紙本手繪心智圖是我幾乎每天用的形式，經常會有大大小小專案要承接，我就會先用紙本手繪心智圖來做發想跟規劃。畫得好與不好的不是我在意的重點，因為對我來說就只是一張草稿而已，但重點是能夠幫助我把腦中所想的內容都寫下來，這才是最主要的功能，而非畫得好看與否。

我經常畫完紙本心智圖後，找到我要做的內容，我就會把這張潦草的心智圖拍起來，然後先擱置在一旁的回收區，等待一段時間後重新整理自己的思緒。

我個人是挺喜歡紙本手繪心智圖的，因為當完成一張紙本心智圖，其實畫完不僅能透過手指記憶有深刻的印象，顏色更是五彩繽紛，而且手繪也是一種輸出，對我來說具有心情調整的功能。而且我自己畫完一張心智圖之後，我都希望將作品保留下來，畢竟這是難得的紀錄，但如果因為工具錯誤而導致作品容易毀損或不美觀，實在會很心疼。在心智圖手繪上，我也犯過很多的錯誤，走過非常多的彎路，也因為累積出畫過幾千張心智圖的豐富經驗，讓我可以整理出下面的一些工具優點與缺點跟大家分享，就是希望大家可以少走點冤枉路，然後讓心智圖法成為你提升效能的絕佳利器。

以下是在描繪心智圖時，很多人經常使用但我建議不要碰的地雷工具：

1. 油性筆：

油性筆（Ex. 原子筆、記號筆、油漆筆等）因為墨水油性，難溶於水，不易褪色和暈染，很多人習慣使用在重點註記上。只是若在白紙上書寫，背面容易留下明顯痕跡，只能單面使用，而且時間一長，油墨可能會產生黏性，並滲透好幾頁後面的作品，大家可以回想看看自己過往求學時筆記用原子筆寫，背面是不是都有油墨滲透的畫面。有些人不喜歡筆記畫面髒髒的，那我會強烈建議少用油性筆。

2. 彩色鉛筆：

彩色鉛筆會耗費你大量的上色時間，而且過程中容易折斷，還需要花時間削鉛筆，這樣非常容易中斷思緒，被中斷思緒時也很容易有煩躁等不良情緒，而且畫出來的顏色不夠鮮豔，比較難以印象深刻。

3. 蠟筆：

蠟筆則是不容易施力，因為每畫一筆後，蠟筆跟紙面的接觸面積都不同，容易填滿色彩時難以均勻分布，而且蠟筆又容易有碎屑與斷裂，容易手觸碰到就在畫面上留下痕跡造成畫面髒亂，有時經常斷裂也會讓我專注度受到干擾，而且蠟筆又無法對折或堆疊留存，經常容易造成畫面髒亂的感覺與印象。

手繪心智圖推薦使用的工具

而關於手繪心智圖好用的工具，水性筆是我推薦的選項之一，有幾個品牌我使用起來很順手，我就使用上的功能跟大家一一分享：

1. 書寫：

- **百樂 (PILOT) 三色按鍵魔擦筆：**

  這是我最近體驗很不錯的商品，裡面有黑色、紅色、藍色這三種書寫最常用的顏色，而且寫錯還可以輕易擦掉，無須使用立可帶跟修正液，吸收不必要的化學毒氣，個人十分推薦！因為時間一長可能會褪色，會建議使用在不太需要保存的心智圖手繪上。

- **百樂 (PILOT) 超細變芯筆：**

  這也是我很常用的筆，書寫方便，多種款式顏色可以選擇，我通常會帶兩枝變芯筆，一枝填裝基本顏色（黑色、紅色、藍色、綠色），另外一枝我會裝填其他慣用顏色（橘色、粉紅色、淺藍色、淺綠色），這樣用兩枝筆交織畫出來的心智圖，顏色就會非常繽紛好看了，但筆尖較細需小心使用。

2. 顏色填滿：

- **39 元彩色筆：**

  我建議可以到日系百元商店去添購，有很多選擇，十二色僅需 39 元，經濟又實惠，需要大量使用時一點都不心疼。

○ **三菱 Pure Color PW-100TPC：**

如果你在意粗細跟比較好的顯色力，三菱 Pure Color 是很不錯的選擇，有粗細兩種筆頭，在著色使用上很便利。

○ **COPIC 系列：**

如果你對於色彩顯色力極度在意，可以考慮 COPIC 系列的麥克筆，COPIC 有個好處，就是顏色飽滿，而且不同顏色重疊時，不會彼此暈染讓顏色髒髒的，這套系列也是暢銷漫畫航海王 (One Piece) 作者尾田榮一郎的愛用品牌，身為航海王忠實粉絲，當然立馬買了嘗試，多達兩百多種顏色，只是價格不斐，添購時需斟酌。

3. 手繪心智圖用紙：

○ **A4 空白紙：**

我個人很常使用 A4 紙張來手繪作品或是構思相關企劃與教案，因為最為方便，隨手可得，但壞處是不容易整理，所以我是當作初稿使用，規劃完就輸入電腦當中，問題較少。

○ **空白筆記本：**

市面上有很多筆記本模式，有橫線條類型、空白類型，以及最近很流行的方格筆記本。眾多筆記本當中，我會建議大家選購空白筆記本，筆記本大小 A4 跟 B5 都建議大家購買，因為隨身攜帶小本更加便利，回家之後再整理到大本筆記本即可。

○ **活頁筆記本：**

若是你有習慣整理筆記，活頁筆記本也是很棒的選擇。可以讓你依照不同時期需求增添心智圖筆記，整理也很容易，也是常見的好選擇。

Note 趙老師小提醒

使用空白筆記本有幾個好處：

1. 複印時不會受到線條影響：

有時候我們會做影印，筆記本上有隔線或方格在，雖然原稿上不會太明顯，但是複印後通常會有加深的情形，閱讀時容易造成干擾，請務必要避免。

2. 不會侷限思緒：

看到方格或是格線，你會發現我們的專注力很容易被框住，我曾經嘗試過用不同種紙張撰寫我的教案設計，結果發現有隔線的我寫得比沒隔線的少 20% 左右，所以我都用空白筆記本書寫。

3. 增加專注力：

我看到一片空白的時候，其實會有種興奮感想要把內容填滿，讓自己更加容易專注，現在社會這麼浮動，用空白筆記本可以讓我們專注當下工作，更加提升效率。

用電腦製作心智圖的工具推薦

我們生活在數位時代，如果單靠紙筆，當資料量變多時，紙本的分類與保存不易，當需要搜尋資料時，需不斷翻閱找尋，恐怕難以提高工作效率，因此，數位化就成了必然的選擇。以下有幾個心智圖軟體可以使用：

○ **XMind：**

這是我第一套使用的軟體，當初在準備 PMP 考試時我就是用這套，有分付費版本跟免費版本，我會建議購買付費版本，基本上費用也不貴，但是多種模板跟各種檔案格式的轉換是其一大賣點，若是習慣使用微軟 Office 軟體的使用者，一定能馬上上手，現在 XMind 也從善如流，迭代多版之後，目前已經有非常豐富的模板與不同模板風格，真的非常推薦入手。

○ **iMindMap（目前更名為 Ayoa）：**

這是我第二套接觸的軟體，iMindMap 是由心智圖法祖師爺 Tony Buzan 公司所發展的心智圖法軟體，也是市面上最接近心智圖法精神的軟體，而且畫面質感跟顏色都處理得很棒，若有預算，會非常推薦入手。

○ **MindJet：**

MindJet 推出的軟體是 MindManager，操作起來基本上跟 XMind 很像，但他的優點是有 ProjectDirector，亦即可以整合專案管理上的相關平台，是目前要能夠把不同專案透過心智圖法方式來彙整的實用工具。此外亦同步支援 PC 電腦與 Mac iOS 系統以及手機版本，真正達到多螢幕的串連效果，也非常值得一用。

- **Coggle：**

  Coggle 原本我也沒有接觸，是一位任職於外商的夥伴跟我分享的，使用完的感想是介面設計非常直覺，很令人驚艷，因此特別在這章節介紹一下，Coggle 完全免費，可以直接使用平板畫出心智圖，不僅可以個人創作，也可以寄發 email 給夥伴進行同步創作，在現今時代，共享即將成為一種趨勢，心智圖也不例外，因為若能雲端串連所有人，這樣彼此都能夠清楚知道目前所有人的進度，更能讓彼此溝通更加順暢。而其中也有文字刪節線可以讓我們當作每週工作清單作為完成時的記號，而且插入圖片也很直覺，可以直接拖曳圖片到適合的位置，基本上與 Office 文書軟體一致。更厲害的是，Coggle 可以跟 Google 帳號整合在一起，一次串連，輕鬆連結！這是值得一推的好軟體！

當然坊間還有很多其他優秀的軟體，我基本上都有測試過，但推薦這幾款比較實用的，大家不妨嘗試看看。

這些是我使用過的軟體比較，當然坊間還有很多類似軟體，我基本上都有測試過，還是覺得這幾個比較好用，所以大家不妨嘗試看看。

掃描 QR Code，看心智圖實際操作影片

軟體名稱 （依照首字英文字母排序）	使用介面				價格	推薦指數 （純屬個人經驗分享）
	電腦		手機／平板			
	Windows	iOS	Windows	iOS		
Coggle	●	●	●	●	免費	★★★★★
DrawExpress Diagram			●	●	免費	★★★★
FreeMind	●	●			免費	★★★★
iMindMap	●	●	●	●	試用七天之後付費	★★★★★
iThoughts		●		●	付費	★★★★★
Lighten				●	免費	★★★★★
Mindly			●	●	免費	★★★★
MindManager	●	●		●	初階免費 進階付費	★★★★★
MindMeister		●	●	●	付費	★★★★
MindNode		●		●	付費	★★★★
MapNote				●	付費	★★★★
Mindomo	●	●	●	●	付費	★★★★
Mind Vector		●	●	●	付費	★★★★
SimpleMind	●	●	●	●	免費	★★★★
TheBrain	●	●	●	●	免費	★★★★★
XMind	●	●	●	●	初階免費 進階付費	★★★★★

手繪心智圖、電腦製作心智圖，有何不同？

最後，提供大家紙本手繪心智圖 vs. 電腦製作心智圖的相關比較：

	紙本手繪心智圖	電腦製作心智圖
特性	· 使用方便 (一支筆＋一張紙) · 獨一無二 · 完整展現個人想法 · 圖案富有創意 · 筆觸統一，畫面感清爽 · 自己寫下來印象深刻 · 形式自由並充分反映自我意志	· 要帶電腦設備 · 有模板可以使用以節省時間 · 可以快速整理大量資料 · 可輕鬆繪製主幹／支幹，之後輸入文字即可 · 大量圖案圖庫可以使用 · 可以轉換不同檔案形式
版面配置	畫之前要先構思結構平衡，以避免畫面混亂	軟體本身會自動作出平衡調整
修正方便與否	寫下去不容易修改，且要移動不同分類的內容不容易	要修改與移動內容極為簡單，只要重新輸入文字與把內容拉過去其他分類即可完成
適合模式	創意發想，腦力激盪使用	大量資訊彙整時使用
重複使用	無法重複使用，若要整合好幾張心智圖將花費很多時間	可以重複使用，並可以快速整合多張心智圖，還可以設定超連結，便於後續連結使用

1-7

任何時候一張紙就能開始畫心智圖

思考的關鍵在於心態歸零

開始想要學習心智圖法之前，首先要先請大家吃「ㄍㄨㄟ ㄌㄧㄥˊㄍㄠ」！是這個「歸零膏」，不是這個「龜苓膏」！

為什麼要這樣做呢？就是要請大家一起把心態歸零，對心智圖法抱持「開放心態」，讓自己重新當學生，唯有這樣，才能讓自己像海綿一般快速吸收。畢竟，心智圖法是一個新工具，我們還不太熟悉，過程中遇到困難或瓶頸難以往前，是極為正常的事情，千萬不要覺得都是自己的問題（像是不會畫畫），只要掌握並運用「成長心態」、「完成主義」、「刻意練習」，花時間討論跟練習就可以克服並有飛躍的成長，也請各位讀者在學習上多給自己一些時間與耐心！

除了心智圖法之外，當然坊間有非常多種方式也可以做到提升效率，像是曼陀羅思考法、子彈筆記術、GTD 等等，我自己也都很喜歡熟悉這些不同的方式，因為也會給我不同的新刺激，我覺得不管選擇什麼樣的工具都很好，重點在於「自己想要有更高效能的心」！很多方法都有其優劣勢，心智圖法是其中一種工具，至於我自己如此醉心於心智圖法，主要也是因為從實踐心智圖法中，讓我的人生有了很大的飛躍！至於各位讀者你喜歡哪一種，任君挑選。

我自己研究了很多方法論，發現很多人聽到心智圖法都會皺一下眉頭，深入聊聊就會發現通常是幾個阻礙需要克服：

- **我不會畫圖**
- **我圖畫得不好看**
- **顏色要怎麼配色**
- **分類形式太隨個人想法難以統一**
- **關鍵字太多怎麼分類**
- **等等**

很多人會糾結在圖像繪製議題上，但我個人的職場使用經驗來說，我自己用到圖像的比例是很低的，重點是「我有沒有順利讓事情推進」或是「我有沒有提高自己工作效能」，如果答案都是肯定的，我覺得都是好的心智圖用法！我希望能夠邀約讀者你先把方法的門戶之見先撇開，過往對於心智圖的成見與理論都先跳脫，用一顆學習的心單純讓自己專注浸潤在思考練習中。

“

重點不僅在心智圖法的應用，
更重要的是如何提升有效思維的方式，
這才是幫自己增值的最大優勢。

”

手繪心智圖的思考優點

我接觸心智圖也是從手繪心智圖開始，我覺得一張紙一支筆就可以快速進行心智圖法的繪製，真的非常方便。我記得當初在學習繪製心智圖時，也是簡單線條跟關鍵字組成，也沒有畫得很漂亮美觀。因為漂亮美觀真的不是重點，但很多人往往會被圖像美醜所迷惑，進而讓自己覺得畫心智圖很難，而沒有之後與心智圖法的美好相遇，我常常覺得很可惜。

很多心智圖的初學者通常不太願意打破自己過往的習慣，偏好使用心智圖軟體，而不是一開就就訓練自己動手繪製心智圖，但其實手繪更加能夠鍛鍊腦力激盪思維的開放性。

當我們手繪寫錯的時候，其實也不需要擦掉或是用修正帶修改，我都直接一筆劃掉，畢竟都只是初稿，初稿不需要太過美觀，只需要把思緒釐清即可。但如果使用電腦繪製心智圖，則又會出現打字錯誤或是選字問題，反而會容易打斷我的思緒。

“所以當我希望進入心流狀態的話，

我就會使用手繪心智圖。”

手繪心智圖的優點：

- **一張紙一支筆就可以創作，工具非常容易取得且便宜**
- **沒有空間與設備使用限制**
- **有些心智圖軟體一年花費也要數千元，所費不貲**
- **可展現自己的創作風格，繪畫形式不拘**
- **自己動手畫一次印象更深刻**
- **等等**

像是以這張心智圖為例，這是我之前去聆聽知名服裝設計師吳季剛先生來台演講時所作的聽講筆記。三個小時期間我也不知道他會講哪些內容，也就只是把關鍵字寫下來，但就算已經超過八年的時間再來看這張心智圖，我依然可以把這張心智圖的八九成內容回憶起來。你如果仔細閱讀內容，會發現我這張心智圖不算美觀，很多內容構圖也不平衡，但我覺得依然這是一張「很容易了解」的心智圖。

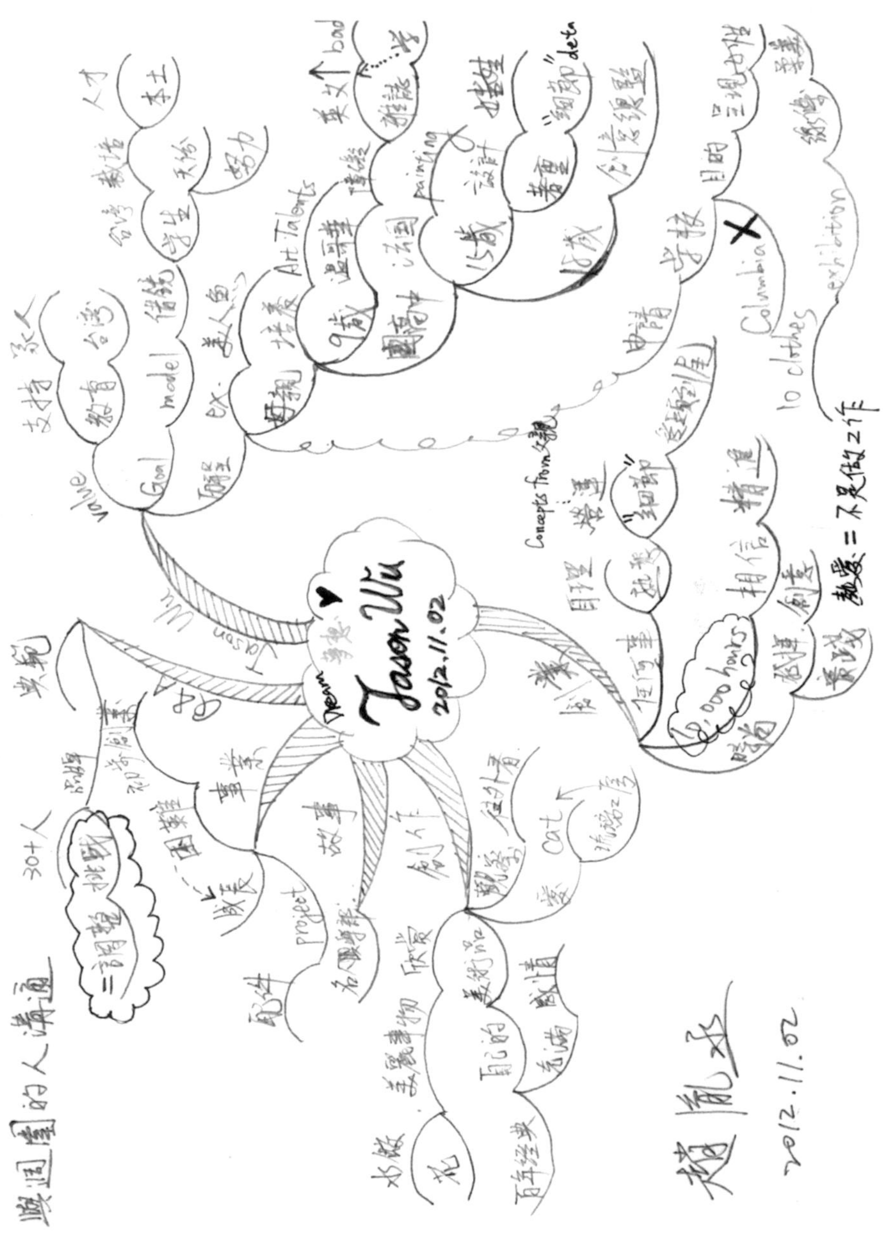
Dream
Jason Wu
2012.11.02
value
Goal
model
Art Talents
painting
bad
Concepts from
Columbia
10 clothes
exhibition
6,000 hours
project
cat
2012.11.02

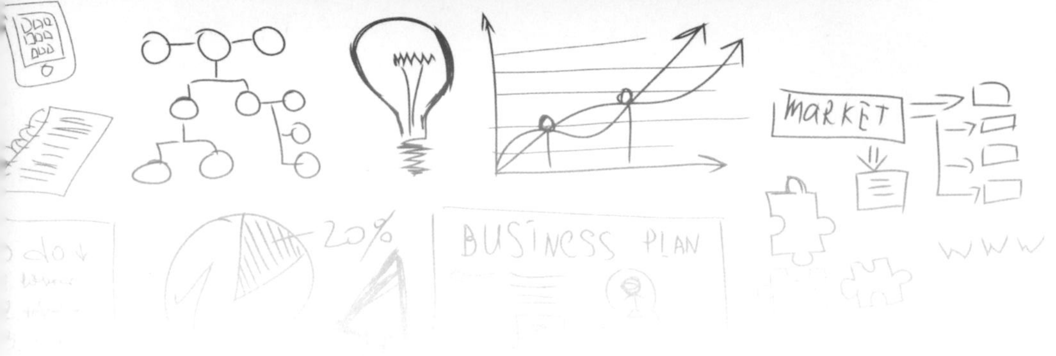

Part 2

心智圖法的職場思考術

2-1

如何應用心智圖法解決真正的問題？

當初在寫這個主題時，我想到的是以前在職場工作的自己，那時遇到不少困境難關，多虧很多貴人協助，加上自己努力，最後都順利過關，關關難過關關過，這些經歷也成為我教學的養分。如果現在的我，希望對著十年前的自己提建議，會建議他怎麼做呢？

這個問題給予我不少啟發，當初的我，覺得很多問題都會卡關，主要因為卡關的問題沒有遇過，加上覺得自己思考方式不夠成熟全面，若用現在角度回去看，定能有更精準的解答。特別是現在的我，已經使用心智圖法十幾年，透過自我練習與教學經驗的累積，有了跟剛接觸心智圖法時全然不同的體悟。

所以這本書，希望透過心智圖法的思考方法，可以讓大家知道思維的拆解模式以及操作步驟，並且能夠運用心智圖思考，回頭去解決你遇到的關鍵難題。

簡單來說，心智圖法的用法可以分成幾個層面來談。

 心智圖法幫助思考建立脈絡

當我們的心裡覺得「思考」需要一個脈絡來依循時，心智圖法就是一個可以派上用場的好工具。

這讓我想到波克夏．海瑟威（Berkshire Hathaway）的副董事長查理．蒙格 (Charlie Munger) 在其著作《窮查理的普通常識：巴菲特 50 年智慧合夥人查理．蒙格的人生哲學》一書中提到多元思維模型，我們要熟悉七八十種框架才可以做出迅速又有品質的決策，其中牽涉經濟學、物理學、生物學、心理學、文史哲學、社會學、人工智慧等其他重要學科的主要原則。

而這樣的核心思考脈絡基本上是三步驟：

- **「定義問題」**
- **「找出原因」**
- **「設計解決方案」**

看似簡單的三步驟，操作卻經常遇到瓶頸，因為思考常常是混亂繚繞的。

“

那用什麼工具可以清楚、簡單、有效，
並可視化這個思考脈絡呢？
心智圖法就是一個很好用的工具。

”

心智圖法可以幫助我們從中心需求「定義問題」出發，之後透過「水平思考」和「垂直思考」，腦力激盪產出相關關鍵字詞擴展想法與思維路徑，「找出原因」與「設計解決方案」，使得思考可以相對更全面。

心智圖法幫助刺激新思考

心智圖法也可以成為思考過程步驟卡關的催化劑。

我們常常腦袋卡關、思考打結、害怕自己遺漏關鍵思考，所以躊躇不前，無法有效定義問題、有效找出原因、有效設計解決方案。

這時候，心智圖法同樣是一個好用的工具，因為其繪製方法，可以提供我們幾個有效的「刺激思考」步驟：

1. 中心主題快速聚焦

2. 關鍵字腦力激盪

3. 建立分類與關係連結

4. 收斂出最後的結論與方案

再講深入一點，我們經常可以聽到哪裡卡關，我覺得就可以先把卡關的點條列出來，之後使用心智圖法來輔助。

要怎麼使用心智圖法輔助呢？我覺得可以從兩個字著手，那就是「縱橫」！

「縱橫」在說文解字中有幾個意思：

1. 豎線和橫線互相交錯，像是《徐霞客遊記·遊黃山日記》中提到眾壑縱橫。

2. 自在奔放，收放自如，像是筆意縱橫。

3. 暢行無阻，像是縱橫天下。

我覺得可以用心智圖法來分成「縱」與「橫」的角度：

- **縱：指的是「放大倍數」，事情可以整包一起看，也可以拆解用放大鏡／顯微鏡看，角度不同，看法就不同。透過心智圖法，我們可以建立一層層的分類結構，然後幫助我們見林又見樹。**
- **橫：指的是「時間前後」，是有先來後到的因果關係與相互關聯，可以透過時間區間分類展開來去一探究竟，像是為什麼會議毫無效率，就可以依照時間前後拆分成「會議前」、「會議中」、「會議後」來分析看待。**

“

大部分我們遇到的問題
都可以用「縱橫」兩個面向來看，
找出卡關的瓶頸，然後用心智圖法來做腦力激盪，
找到相關關鍵內容，
就相對更能高效率地「縱橫」職場！

”

我們在第 1 章把心智圖法會運用到的基礎思考技巧，都做了介紹説明，接下來第 2-2 章到第 4 章主要會著重在心智圖法應用上，例如，在遇到問題時，很常遇到思考盲點，如何透過心智圖法加速發想，突破卡關的瓶頸，或是心智圖法思考模式在不同領域的應用。

2-2

利用心智圖法 預防專案管理意外

你在職場中有遇過這些問題嗎？

- **專案工作延宕卻苦無有效率的解決方法**
- **年度預算被老闆砍一半，這些專案又該怎麼進行**
- **產品做完後才發現規格不對，緊急修正耗時費力**

專案難免遇到問題，但真正關鍵的是，遇到問題時，我們如何透過思考有效拆解問題，找到解決專案問題的方法。

> **甚至，有沒有可能透過更好的思考拆解，**
> **在一開始就發現專案的問題，並找出預防之道？**

專案要能夠進行下去並成功取得成果，其實是非常不容易的。但專案的管理也並非見招拆招，如果可以透過前期有效的思考拆解，我們可以更快看到可能問題，從而避免嚴重問題的發生。

職場專案的意外，可以預先思考拆解

「專案管理」的各種意外，其實通常來自於以下原因：

- **專案工作定義不清：**

  規劃時沒有想清楚，執行後很多新增或變更內容，導致耽誤時程！

- **做太過樂觀的規劃與想像：**

  規劃專案時以「需要 120% 的努力與時程」才能達到目標的緊湊行程做安排，這樣專案將使工作團隊非常容易疲勞。

- **專案已經延遲，但沒有正視問題：**

  問題沒解決，反而希望透過加班跟增加人數來追回進度。

我常接到企業會提出類似需求，主管覺得同仁專案延遲一定是專案管理技巧不足，事實上可能是專案時間沒有抓足夠，以及可能是專案問題／目標／產出沒有明確釐清。

這時候，心智圖法的思考就可以做出預防性的拆解。

什麼是專案管理？專案管理的定義是透過可行技術／手段在「如

期、如質、如預算」的情況下完成專案目標。方法有非常多種，但萬變不離其宗，就是要先把目前專案工作拆解掉，才知道步驟跟順序。

這幾年我做專案的心得，會用三個字來簡單總結專案管理：「拆、排、照」，可以讓我在判斷、診斷企業問題時有很好的依循作用。而什麼是「拆、排、照」呢？「拆、排、照」分別是下面三個意思的縮寫：

- **拆：拆解工作。**
- **排：排序時程。**
- **照：照表操課。**

我從小是周星馳先生的影迷，他所執導的電影《功夫》裡面有一個角色叫做火雲邪神，是由知名武打明星梁小龍先生所飾演，梁小龍先生在戲中講過一句經典對白：「天下武功，唯快不破！」我稍微調整這句台詞，用在專案管理上就是：「天下專案，能拆就go。」

> **只要能把專案拆解清楚，**
> **基本上幾乎能掌握所有工作流程跟順序，**
> **並預先看到問題。**

但是問題來了，為什麼我們在職場上執行專案時，卻常常把工作拆解得不清不楚，導致意外叢生、時程沒把握、問題解決不了呢？

因為，「思考與拆解」其實是很難的，尤其我們想在大腦中進行更難，而「心智圖法工具」就可以在這時候派上用場，幫助我們順利拆解，把大腦中模糊的想法，拆解出工作上不能出錯（或者說不能出大錯）的流程。

專案管理的心智圖拆解練習

那專案該從哪些面向開始思考與拆解呢？我通常會借用世界知名新時代領導力導師賽門．西奈克（Simon Sinek）先生的黃金圈理論來思考：

- **Why：為什麼要做這個專案？**
- **How：預計如何去執行這個專案？**
- **What：這個專案需要做哪些任務？**

舉個例子，年終歲末，即將迎來公司尾牙，被高階主管交付接下這個年終尾牙的專案。以下是我的心智圖法操作步驟。

步驟一

先把尾牙名稱在中心主題記錄下來。

步驟二

之後訪談老闆／主管，然後把老闆／主管期待的相關資訊都先寫下來。

為什麼要這樣做呢？因為主要出錢的的是老闆／主管，要將其意見都包含進去，這樣利害關係人才會在專案中給予你支持，因為你也支持著老闆／主管的想法與方案。

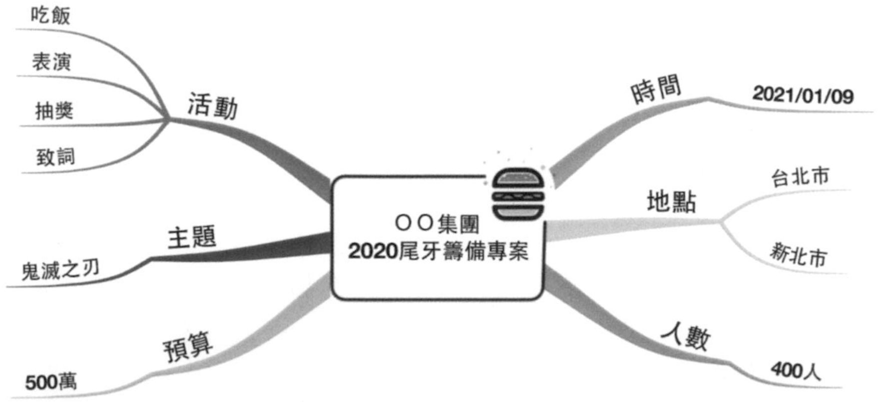

步驟三

之後我就會根據這些資訊為原則，來重新規劃撰寫專案企劃書的細項內容，主要就是把時程表跟相關需求都條列上去。

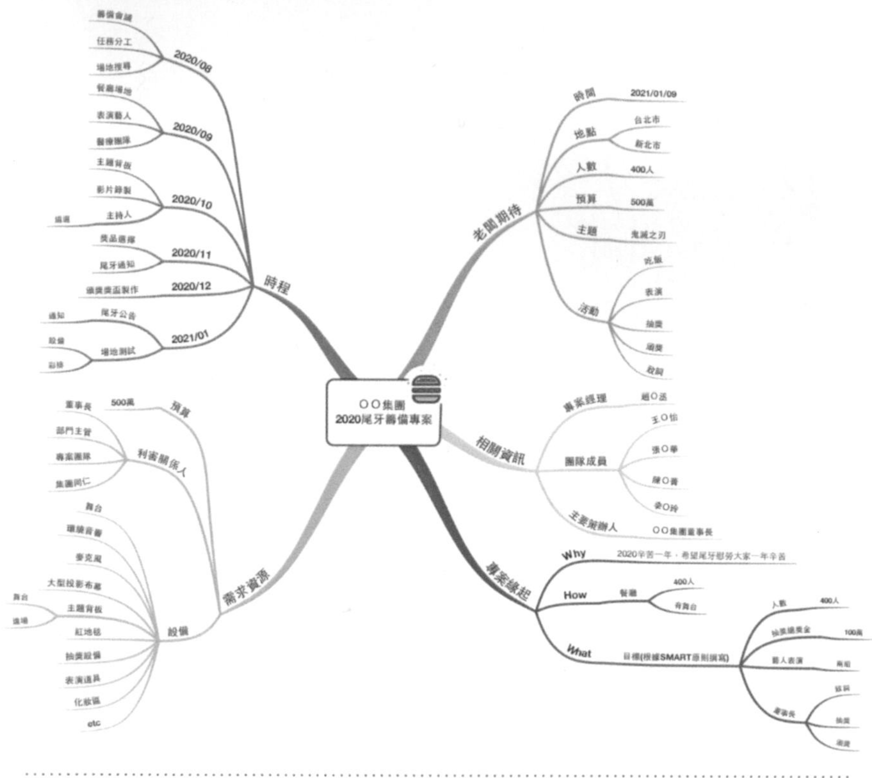

步驟四

之後把相關內容依照時間排序出來，然後要做的細項內容都寫上去，這樣就可根據不同時間抓出預期進度跟實際進度的差距，就可以知道目前進度是落後、準時、還是超前。

專案應該拆解到多細緻才夠？

很多人都有一個疑問：會覺得要拆解到什麼樣的地步才足夠？心智圖要寫多詳細才完整？大家都希望能夠得到一個確切答案，但要拆解多細緻，往往沒有確定答案。

> **或者，我們可以這樣思考，**
> **那就是「要拆到交辦給別人做，不會做錯就好」！**

像我就會區分，我這些事項是要自己做？還是要託付給其他人做呢？如果是自己做的話，我就會用自己的習慣做好分類，如果是給其他人做的話，我就會做非常詳細的項目，而且會把標準都寫好。

畢竟，我無法確認別人是否能夠確切理解我所需求的內容，最保險的方式就是時時認為可能會出錯，這樣就能夠相對保持警惕，時刻確認對方是否了解，甚至做出相對應的檢核表等，都是很不錯的方法！

2-3

專案拆解，用甘特圖好還是心智圖好？

之前有學員跟我說一個故事，著實把我逗樂，我把內容整理跟大家分享。

他跟我分享到，有次上完心智圖法課之後，在課堂當下熱烈討論心智圖，之後因為彼此忙自己的事情，比較少聚會，後來在一個月之後，一個朋友提到我們之前不是去上趙老師的課嗎？那個叫心什麼圖的？忽然一位朋友脫口而出：「心電圖！」喝飲料的人瞬間爆笑！

我聽完當下真的覺得很好笑，偶爾我也會在課程中分享這個小故事，但是後來仔細思考學生們的對話，也讓我從中發現一些心得。怎麼說呢？

其實學生脫口講出來的常常是最直覺的反應，我們生活中有太多的圖表，像是甘特圖、魚骨圖、比較圖、因果關聯圖……，學了這麼多種圖，但是好像從來沒有人告訴我說這些圖該怎麼用？以及該用在哪些地方？多是靠自己摸索，或是前輩手把手帶著做，才慢慢學會的。

所以我覺得這是一個非常好的機會點，在這本撰寫心智圖法的書中，我將很多圖表做個比較，看看什麼樣的工作適合什麼樣的圖表，也可以有助於大家高效率工作與快速釐清並解決手上的問題。

心智圖與甘特圖的比較

如果有從事專案工作的職場人士，一定都常會使用甘特圖。

那什麼是甘特圖呢？甘特圖是1910年由亨利·甘特（Henry Laurence Gantt）先生開發出來的，所以以他的姓氏命名，稱「甘特圖」。

在專案管理中，甘特圖可以快速顯示專案細部工作的開始時間和結束時間，以及不同細部工作彼此之間的依賴關係，進而使專案管理者有效管理專案進度。甘特圖是長條圖的變形，主要是多了一個時間因素在裡面，通常會用 Excel 表格製作，有的也會使用專案軟體，像是 Microsoft Project、Gantt Charts。

在最左側縱軸寫上專案的工作項目，橫軸則代表時間，左邊代表現在，右邊代表未來，可以依照專案工作的大小來調整時間單位（年／月／週／日）。簡單的甘特圖功能，一般只要講解過一次大家就都會使用，也可以從這張很直觀的圖迅速了解專案目前的狀態，是超前還是落後。

使用甘特圖最大的挑戰在於：「如何拆解工作，以及時程安排」。

工作該拆解到多細才好？以及是否把該做的工作都完整思考過一次？以及做每一樣工作大約要花多少時間的預估安排？彼此工作之間是否有先後因果關係？因果關係是唯一連動還是有不同的模式？哪些工作沒有做完後面就無法進行？這些問題，在甘特圖中就都要一一釐清跟確認。當專案小的時候還容易釐清，但是一旦是大型專案時，工作細項太多，很容易陷入細節內容裡面，而專案若有變動時，光調整細項的時程，就會花上大把時間，這是大型專案甘特圖使用上不可避免的現象（除非使用更專業、可動態排程的甘特圖軟體）。

"如果我們回到一般職場工作者
所面對的專案任務來看，
一個專案的細節很多，但我覺得最重要的就是
先將「專案工作項目」拆解。"

就好像我們吃牛排一樣，不可能一口塞下 24 盎司的牛排，一定是要用刀叉切割成小塊好入口的牛排，這樣才能夠把整塊牛排細細品嚐並順利完食。同樣的，專案也是相同道理。我會建議要把專案工作項目細拆成讓所有人都清楚了解的一個一個小項目。

而拆解工作有五項要點：

- **負責人**
- **時間**
- **產出物**
- **完工標準**
- **檢視者**

這五個項目都要齊備，不然的話會造成很多困擾。舉個例子，我們曾經遇過部屬沒經驗，跟客戶簽約後，做了案子卻反而讓公司賠錢的狀態！因為該部屬在該專案的合約完工標準白紙黑字寫了「客戶滿意」這四個大字，結果客戶修改了二十幾次都不滿意，最後是因為希望趕緊結案，不然一直被追加罰款，沒有人受得了！這就是「完工標準」沒有仔細拆解與定義。

所以後來我特別提醒各位夥伴注意載明合約的所有文字，都要一一細讀斟酌，而且完工標準也要依照 SMART 原則來制定，並且要雙方都有所共識，以確保我們的權益與明確產出。

甘特圖在抓時程進度時，為了讓自己有更充分的時間，我都會建議「前推法」與「倒推法」同步進行評估做比較，為什麼呢？主要是因為我們通常都使用「倒推法」（由預計完成的日期往前排程）來推估完成的期限，像是六月十四日開會決議要在六月三十日當天完成報告繳交，這就是「倒推法」。而「倒推法」也是我們經常時間不足的關鍵元凶之一，因為沒有細想就畫押時間，通常時間是不足夠的，也因此會造成相關專案延遲，然後就會遭受來自主管、客戶諸如「你不是承諾了沒有問題嗎？怎麼現在會延期！…」等等責難，甚至可能會被主管、客戶認為我們能力不足，所以我們若是能運用「前推法」，就可以為我們爭取更多的緩衝時間。

“根據我過往用法，

我通常會用心智圖法發想拆解工作細項，

並把因果關係連結好。

之後再轉換成甘特圖排程時間，就會快速非常多。”

當然，中間也都會預留一些緩衝時間（buffer time），以便於專案緊急突發事件的因應處理。

 心智圖與魚骨圖的比較

什麼是魚骨圖？魚骨圖是由日本品質管理專家石川馨（Kaoru Ishikawa）博士，在 1953 年提出來的圖表，也叫做石川圖，因為彼此有因果關係，也稱之為因果圖。

魚骨圖中有魚頭跟魚刺，分別代表不同意義：

- **魚頭：代表目前事件的結果。**
- **魚刺：則是造成這樣結果的諸多可能主要原因，之後可以再細分次要原因等相關細節。**

一般遇到專案上的問題，可以從以下幾個角度切入，就可以畫出魚骨圖：

- **流程：工作程序，檢核，流程精簡……**
- **管理：企業策略／戰術，組織氣氛，企業文化……**
- **設備：老舊與否，介面銜接，操作方式……**
- **材料：不符標準，材料污染，良率……**
- **人員：經驗不足，傳承……**
- **技術：最新技術……**
- **環境：政府法規，消費者……**

“

魚骨圖是屬於收斂的思考方式，
可以幫助每個人迅速掌握目前討論主題。
只是某程度也限制了大家的思考性。

”

因為目前所列出來的可能原因，或許都不是真正的原因，但因為大家會往細節去深究，通常很難跳脫框架、再去思考其他原因。

很多人在寫魚骨圖時，常常寫一寫就卡住，主要是因為問的問題不對、思考太瑣碎、或是把次要原因當成主要原因來看待，然後發現自己無法繼續往下探討形成原因，因為或許魚刺才是主要原因。

“

心智圖法則不同，
心智圖法可以自在應用發散與收斂的思考方式。

”

心智圖的中心可以寫目前遇到的情況，就像魚骨圖的魚頭一樣，之後就開始腦力激盪可能發生的原因，通常我會先抱持「不批評，不責備，不停筆」的三不態度開始發想，我就是讓自己不斷書寫：

- **讓大腦快速思考所有可能的原因**
- **之後我才會把可能的原因分門別類**
- **逐漸歸納出可能的真正原因**
- **再一一檢視彼此可能關係的關聯性**
- **之後再根據這些原因來發想可能的解決方案**

於是心智圖透過發散又收斂的思考碰撞，更容易找出最佳方案。

心智圖與矩陣圖的差異

矩陣圖是非常好用的圖表類型，像是 SWOT 分析、BCG 矩陣、時間管理、績效潛力矩陣等都是矩陣圖的經典類型。

矩陣型圖表我最常用來「做比較」，這是所有圖表當中我覺得最容易秒懂的，透過橫軸與縱軸的對焦，瞬間就可以找出相關對應的內容，像是比較競爭對手的產品等。

心智圖也可以做比較，只是使用上我會建議最多做兩個產品、服務之間的比較，若超過三個以上的比較，我還是建議使用矩陣圖來做，因為矩陣圖排列清楚，可以減少你找尋內容的時間，並可以利用時間做出相對充分的思考，進而提供決策品質。

2-4

用心智圖法讓跨部門溝通零障礙

現在很多專案不能閉門造車，需要跨部門溝通，但每個部門溝通語言、文化、習慣都不同，如何順利溝通又不造成彼此困擾是需要學習的，在我看來，跨部門溝通是現代職場人士一定會要面臨到的課題，特別當我們是跨部門專案負責人時。我就曾看過有同仁因為跨部門溝通感到壓力大，因而胃痛不已、精神緊繃，畢竟，很多時候跨部門的進度更難以掌握，再者，我們都不是對方的老闆，會有這樣的焦慮也實屬正常。

之前我們部門要負責一個新方案，是有關儲備幹部 MA（Management Associate）的招募計畫，時間很緊急，只有兩週的時間，並需要快速彙整多方跨部門的資料與想法，這時候主管就要召開 kick-off 會議，與各部門負責窗口做相關專案溝通。主管請我先列出哪些事情要做、哪些事情要協調等。我就用心智圖快速腦力激盪，把要規劃的內容重新整理好。

> **思考不是一蹴可幾的，**
> **但心智圖可以幫助我們看出重點脈絡，**
> **於是溝通討論時也能掌握重點。**

利用心智圖法，對焦溝通前的重點

我先整理了這個 MA 招募計畫的相關重點內容，之後就跟主管對焦內容並取得同意，就開始依照這大綱撰寫企劃書。當企劃書完成後，確認沒有問題之後，就要思考哪些事情是要請跨部門的同仁協助，這時我會建議要把企劃書做成簡報形式，先不用印紙本資料給大家（環保考量＆後續修改考量）。

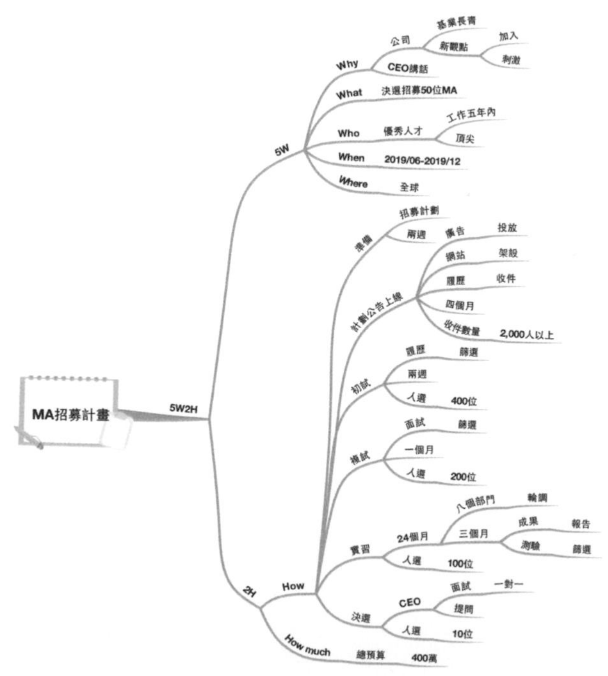

利用心智圖法，簡潔交付任務的具體細節

而需要跨部門協作的這些事情，我們最好也要思考清楚！千萬不要抱持一個天真想法：「那就是召開會議後，大家再一起討論就好。」我想請教你一個問題：「請問同事要為專案失敗負全責嗎？還是專案負責人的我們要負責？」如果我們是專案負責人，一定是我們負專案成敗全責不是嗎？這時候要把握一個關鍵原則：「誰負責，誰做主」！這是我從阿德勒心理學學習到的「客體關係理論」，誰負全責就能夠做最後決定，但全權處理也代表全權負責，決定有好壞，負責人也是對自己的行為負完全的責任，甚至對別人負責！因為專案負責人的決定會影響到其他人，當然也就要考慮對別人的影響。

所以務必要先想清楚，我們需要其他部門配合的相關內容工作以及產出標準，千萬不要毫無準備就去開會交辦，否則很可能得不到你想要的東西。

以下我條列幾個我們需要事先想清楚的問題：

- **你希望對方幫你做什麼事情？**
- **你認為他／她會如何回應呢？**
- **你認為他／她會要求你做什麼事情呢？**
- **如果對方不同意你提出來的做法時，有沒有其他選擇方案呢？**
- **如果雙方對此沒共識，接下來你會怎麼做呢？**
- **如果沒有完成該專案，會造成什麼樣的衝擊或損失？你會有什**

麼後果？而對方又會有什麼後果？

所以以上這些問題，都要在製作簡報前預想到，可以先用心智圖法構思，然後書寫重點關鍵字，這樣就可以把配套措施規劃比較完整。

接著我們再把重點放進去投影片當中，如果我們在簡報中都能夠涵蓋這些範疇，基本上簡報過程就能夠清楚呈現並消弭大家對這專案的疑問與反對意見，最後 Q&A 時間就能大幅度縮短。

“

像我甚至會用心智圖法來規劃並作重點摘要呈現，
快速把各部門需要協助的內容展開，
之後有時間再做成簡報，
沒有時間的話就直接用這張心智圖去報告，
依然能夠順利做跨部門溝通協調。

”

這樣就不用讓跨部門的同仁自行閱讀上百頁的企劃書，而是我們把相關重點呈現出來，特別是跟跨部門同仁相關的內容，我相信跨部門夥伴也會很感謝你，因為通常大家比較關心自己要做什麼事情，對別人要做什麼比較沒那麼在意。

整份上百頁的企劃書，自己需要做的工作大概僅有寥寥幾頁，幫助大家篩選重要資訊，也是節省大家寶貴時間的做法。所以說，用心智圖法規劃彙整專案企劃就會是一個清晰易懂的好方法！

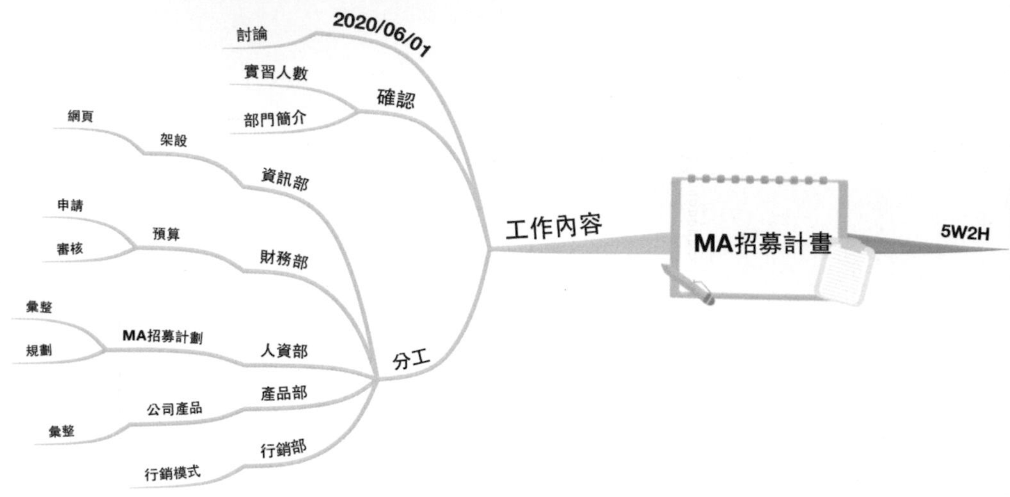

利用心智圖，確認對方真的聽懂

那當會議討論即將結束時，我又該如何確認跨部門的同仁是否都理解並且能夠順利做出我們開會討論的結論呢？

這件事一直都讓很多職場工作者困擾著。因為常常會議最後問大家「有沒有問題？」、「聽懂沒？」基本上大家都會慣性回應：「沒有問題」，但我由衷要提醒大家，請務必做好再三確認！因為魔鬼藏在細節當中，透過層層確認，可以大幅度降低做錯的比例，減少無謂時間與資源浪費。

那可以怎麼做呢？你可以依照以下的工作確認四步驟：

1. 我說你聽

2. 你說我聽

3. 我做你看

4. 你做我看

在會議中，重點的是前兩個步驟，我們講完之後，最好一一確認不同部門的同仁是否都了解自己部門要完成的任務。若會議是由我們發起的，基本上其他跨部門同仁都是協助角色，所以請要坦誠、用真誠態度溝通，跨部門溝通其實最忌諱欺騙、隱瞞事實，這次可能矇混過去，但信任關係已被破壞，之後跨部門溝通就會辛苦非常多。請記得「人情只能用一次」！

再者，跨部門溝通不良，很多時候都是不熟悉彼此部門的語言所引起。因此，想要溝通順暢，前提就是：「聽懂對方的語言」。我們可以試著站在對方的立場思考：「這麼做，對業務部業績的幫助為何？」、「如果我是該部門主管，會認可這樣工作與做法嗎？」多點同理心，就可以將誤解或溝通頻率不搭的機率降到最低。

再來就是不要害怕衝突，特別是在跨部門會議上。每個部門的主管經常為了捍衛自己部門的利益，難免會出現一些爭執與摩擦。有些專案規劃者為了怕把氣氛弄僵，往往會變得沉默寡言，以維持表面和平的假象。其實，整個太過和諧反而可能凸顯不了你對議題重視，而且問題也不會獲得真正解決。請記得一個基本原則：「誰負責，誰做主」，這樣就能夠比較輕易做到權責釐清。

我們在提案時，儘量不要只有一套方案，如果可以的話，我會建議準備三個方案，讓其他經理人有更多的選擇與創造空間。我通常在選擇方案時，不會僅用價格比較，因為通常大家會選擇的都是最便宜的方案，但往往最便宜的方案並不是最好的選擇，因為要花費的時間隱藏成本比較高。所以我在提案時，會把後續風險考慮進來，而提出「最樂觀情況」、「最悲觀情況」、「最可能情況」三種方案，讓大家做方案選擇的參考，這樣也可以讓跨部門同仁對我們的規劃更具信心，因為連最壞的情況都考慮過了，方案也就相對容易獲得跨部門同仁的支持。

再來就是跨部門專案當中，要讓大家意識到「我們同在一條船上」這樣的集體意識，讓大家感受到「成功是大家的成功，失敗是大家的失敗」，沒有單一英雄主義這回事。雖然各部門之間通常同時存在彼此合作與資源競爭的微妙關係，要讓大家通力合作的關鍵在於擁有並認同我們的共同目標。

之後也要讓與會窗口同仁能夠確實帶回到自己部門，向該部門相關同仁清楚傳達最新進度與訊息。就我的過往經驗來看，很多跨部門會議之所以無效，可能是因為與會同仁沒有確實將資訊有效傳達，就可能讓做出來的成品方案有所偏差，進而讓效果大打折扣。

2-5

用心智圖法讓會議進行更有效率

會議的兩大問題：無效討論、記錄費時

現代職場工作者所需要接收到的資訊量爆炸，需要理解對話討論的內容很多，而會議是現代職場工作者不可避免的情境，如何有效開會是現代優秀職場工作者必備技能。

我也曾在職場遇到大量無效的會議，會議通知上面沒有寫相關議程，來開會的人不知道該預先準備哪些資料，在會議過程中大家輕鬆隨意聊了兩個小時，但是沒有任何結論！也沒有後續的行動方案！

會議結束之後，我覺得又浪費了我生命中寶貴的兩小時。如果當天會議有十個人參加，也就相當於我們當天損失二十個小時的生產力，影響力可謂不低。如果整天都充斥成這樣無意義的會議，那麼職涯發展與生活必然出現很多挫折。

不只是會議感覺浪費時間的問題，有時候在會議中，被分配負責會議紀錄，相信很多人都會一陣哀嚎，為什麼又是我？每次會議記

錄都要花費我大半天時間，而且整理出來都沒有人看，甚至有被找碴的風險。

舉一個例子，我曾經在某企業服務時，當天主辦會議，同時身兼會議主席與會議記錄，我並不是神人，無法同時兼顧兩者任務，只能退而求其次，專心做好會議主席的工作，等會議結束之後再來補上相關的會議記錄。

本想如此做的如意算盤，結果會議一結束，就遇到主管交辦的緊急任務，我只能趁空檔整理會議記錄，結果會議記錄整理完已經一週後了。當我精疲力竭地把會議記錄發出去給各位主管查收，居然有一個主管馬上打電話來質問我說：「會議記錄有誤，他不曾說過這句承諾！」我說：「ＯＯ主管，當天您與ＸＸ主管對話，這是您們的對話紀錄。」ＯＯ主管很生氣地說：「我不管！那你找ＸＸ主管來對質！」迫於無奈與希望事情趕緊落幕，我僅能聯繫ＸＸ主管，結果ＸＸ主管秘書說ＸＸ主管歐洲出差兩週，僅能寫信聯繫ＸＸ主管。過了一天終於等到ＸＸ主管回信，ＸＸ主管說出差歐洲不好討論，一切等回去再說，一等就是兩週。等到ＸＸ主管回國後，終於約到ＯＯ主管與ＸＸ主管都有空的時間開會做出結論，但時間已經飛逝，從上次會議到這次討論已經經過大約一個月的時間了。

很多該有進度的工作，都因為事情與共識沒有協商好而有所耽誤。這樣不是很可惜又很惱人嗎？

 如何利用心智圖快速拆解會議、記錄會議？

只是一直懊悔沒有意義，重點是有什麼改善方式嗎？有的，我們可以用心智圖來做相關的整理，也讓我們開會更有效率！我將就心智圖法如何在會議中應用更有效率逐步拆解讓大家知道。

掃描 QR Code，看心智圖實際操作影片

步驟一

各位可以先把會議名稱打在中心主題。

步驟二

我們可以先從會議前中後應該做哪些事著手，先把「會議前」、「會議中」、「會議後」當作三個主幹填寫上去。

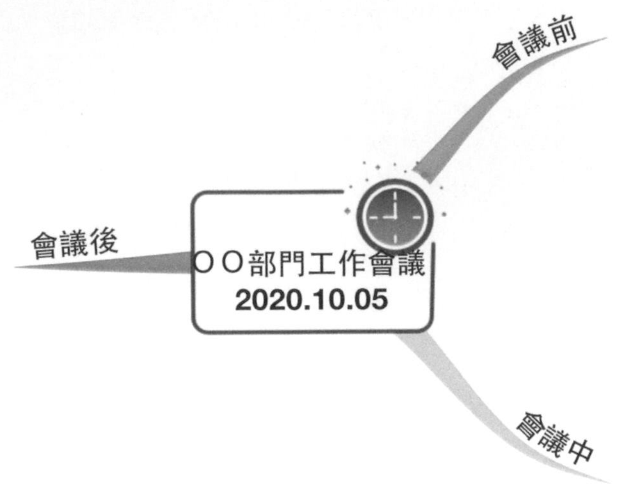

步驟三

「會議前」可以做哪些事呢？我們可以把關鍵字填寫在支幹。

像是會議主題、會議時間、會議參與者、會議地點、會議目標、會議討論問題清單等等，都是要填寫在支幹，然後可以依照實際狀況把相關資訊都填寫上去！

當我是會議主席時，我就會做一件事，用心智圖法發想這場會議的 6W3H：

- **Why**：為什麼要召開這場會議？
- **What**：這場會議討論的議題是什麼？
- **Who**：有哪些人務必參加？哪些人也要邀請？
- **Whom**：相關決議會影響到誰？
- **When**：何時召開？
- **Where**：何處召開？
- **How**：將會用什麼形式進行？
- **How much**：要花多少錢／資源？
- **How many**：次數有多少？

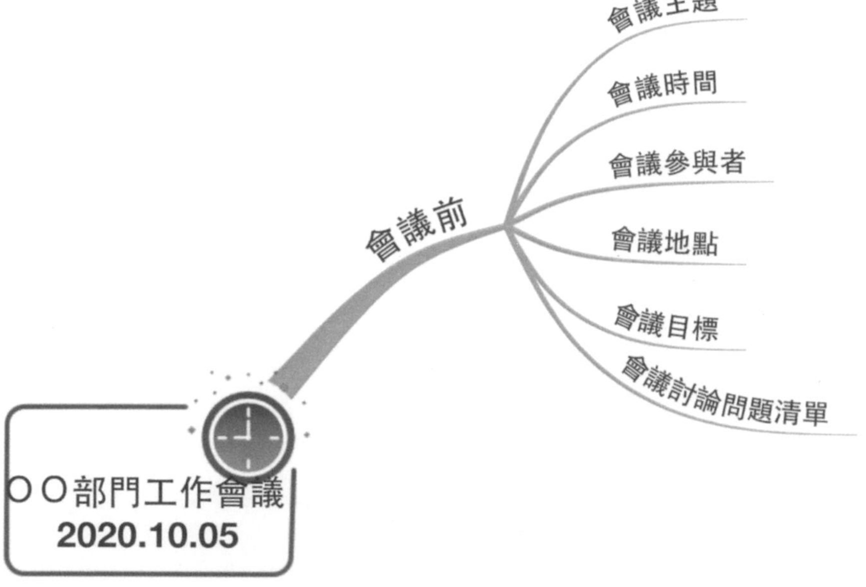

會議前還應該做哪些事？

除了填寫心智圖之外，我也會同步在會議前作以下這些事情：

○ **列出這一次要確認重點討論議題清單：**

- 一次會議時間，我會建議控制在一個小時以內。時間太長，大家精神注意力都會下降，但會議往往都是在討論很關鍵的議題上，所以在討論前要先確認這次會議要討論的議題，數量不要太多，大約 3-5 個就好。

- 千萬不要讓與會人員感覺到參加會議很煩悶，但是，一定要讓相關的人士能夠騰出時間來參加，為此，之前一定要說明會議的主題，且會議的主題一定要能夠明確。

- 再來就是一定要讓與會者都能感受到，這個會議跟我自己工作的相關性是很高的，而且參加完之後能夠得到一定的好處，這樣才能夠讓他願意來參加。如果能夠得到好處，與會人員就會覺得我排除萬難都要去參加這個會。

○ **排出重點問題清單討論邏輯：**

- 當我們前面已經確認 3-5 個議題要討論了，我會建議重新梳理一下議題順序，最好重點議題擺在前面，為什麼要這樣做呢？我跟各位報告一下，我知道很多人都會做以下安排，那就是把最簡單的議題優先討論，想說如果可以快速把這種簡單議題討論完，就會有更多的時間來討論重要議題，但現實往往事與願違，我們認為很簡單的議題也可能花費超乎預期的時間討論琢磨，導致重要議題要討論時，卻發現時間嚴重不足，只好另外安排會議討論，這樣的做法不是增加更多會議，耽誤更多我們的時間嗎？

- 所以我會安排重要議題優先討論，這樣大家集中精神與時間討論最關鍵議題，其他議題沒有討論完，也相對影響沒那麼大，就可以讓相關同仁討論即可，不是什麼會議都要無役不與，而是關鍵會議一定要我們的參與！

○ **事先 email（正式）信件通知與會人員（3-7 天前）：**

- 開會很怕的是相關與會人員遲到，甚至是相關與會人員沒有出席開會！所以如果能事先知道開會時間，提早跟相關與會人員討論並安排，然後會議前一天再三確認相關與會人員都會準時出席，我們的不斷提醒，相關與會人員有時會覺得，這麼簡單的事情何必提醒這麼多次，但也可以從中感受到我們對這次會議的認真看待，與會人員在參與會議時也會更加認真對待。因為你認真，對方就會當真！

○ **提醒與會人員別帶空腦袋來：**

- 我永遠記得一件概念，那就是「會議是做決策的地方」，通常開會是為了讓重要議題往前推進，所以千萬不要預期能在會議中進行短時間的腦力激盪、發想解決方案是可行的，這樣方式通常會淪落為很表層且不完整的解決層次，通常僅能指派某個人擔任負責人，然後由他／她去籌備，並且於下次會議報告。這樣不還要多開一次會議嗎？

- 確認自己問題解答底線：再來就是千萬不要直接在會議裡面做相關的腦力激盪，會議是用來做決策，不是讓你來做腦力激盪用，所以像以前我帶領部屬的時候，絕對不會讓他們在開會的時候做腦力激盪，而是你先把你預計的想法帶過來，我們開會的時候一起討論，這樣的話才能夠比較出彼此之間想法差異。

- 所以我會建議讀者，當你優先知道要討論的相關議題時，可以先自己仔細斟酌思考，心裡有了相關解決方案，就可以在會議中提出，然後做出貢獻。久而久之，願意認真思考解決方案也會帶來更多的機會，同時也讓會議效能大幅提升！

○ 分別指派兩人擔任會議主席與會議記錄

- 可以防止上述我曾遇到一個月後才確認的會議記錄窘境。那會議主席跟會議記錄分別要做什麼事情呢？

- 會議主席：
    - ・會議開始就先說明會議的目的與待辦清單，最後希望達成什麼結論
    - ・主持會議進行、維持會場秩序、並規範大家別花時間討論不在會議中所應討論的議題（大家對規範要遵守）
    - ・承認並保障相關與會人員的發言權

- 依序宣達重要議題並引導討論及表決，最後宣布表決結果
- 答覆一切有關會議之詢問及決定權宜與秩序問題

● 會議記錄：

- 如實記錄會議發生，文字如實還原會議現場，避免文字出自於個人偏好
- 把握「60 ／ 50 ／ 10 法則」：
  - 「60」指的是表定開會時間 60 分鐘
  - 「50」指的是實際開會時間 50 分鐘
  - 「10」指的是會議記錄報告時間 10 分鐘：這點非常重要！會議記錄最好在結束前確認所有結論，就是這 10 分鐘的重要功能！會議記錄馬上報告該場會議的重要決議，在報告過程中，與會人員對結論有所異議時，都要勇於舉手請會議記錄更正，會議記錄將立即更正並重述一次，當會議記錄全數報告完之後，就表示這次的會議記錄重點與會人員都同意，也就是大家的共識，這樣就可以減少結論在會議之後被翻盤的機會！
- email(正式) 寄發會議記錄並請與會人員回傳電子簽名以示負責，然後做好會議記錄相關建檔。

步驟四

「會議中」可以做哪些事呢？我們可以把關鍵字填寫在支幹。

把相關重要議題寫在支幹，然後可以在重要議題後面再分成幾個支幹，像是「主題」、「過程」、「結論」、「後續行動」。

- **「主題」就是該重要議題。**
- **「過程」就是中間討論時有哪位同仁關鍵發言的紀錄。**
- **「結論」就是這重要議題最後要如何做的決策與行動方案。**
- **「後續行動」就是決策後指派誰擔任行動方案負責人，以及該同仁多久時間要做出什麼計畫／成果，都要簡單說明紀錄**

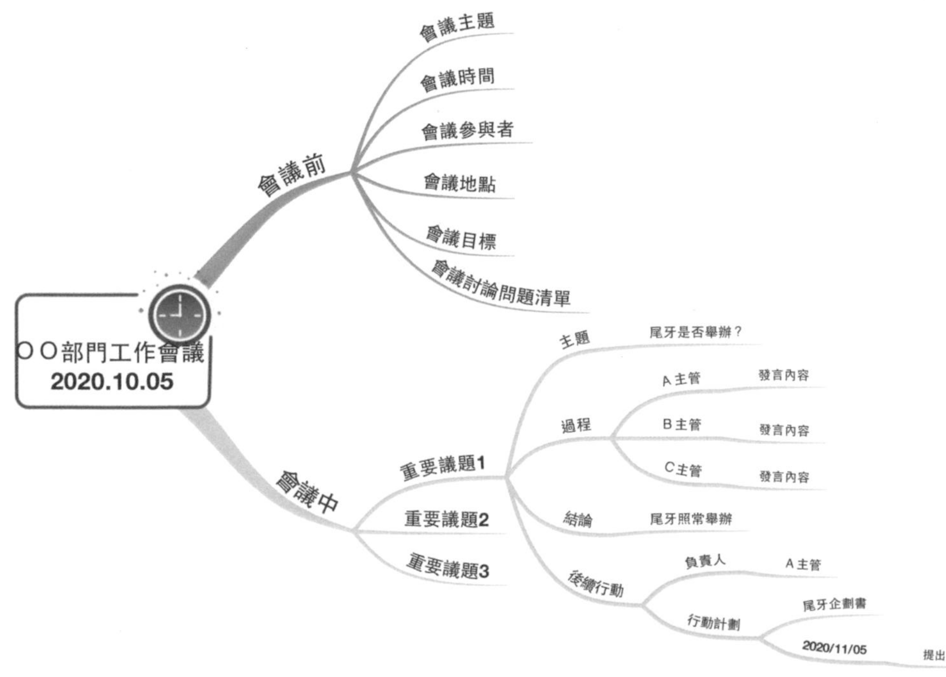

步驟五

「會議後」可以做哪些事呢？我們可以把關鍵字填寫在支幹。

當會議結束之後，並不是就沒有事情要做了，而是需要做後續追蹤，很多會議都沒有做這件事，導致會議記錄寫完了就束之高閣塵封，沒有人去做後續的推動，想起來的時候，已經是一段時間了，往往都錯失最關鍵的好時機。

所以會議後，通常有三個問題，必須在每次會議結束後確定：

1. 行動計畫：討論接下來每個人的下一步行動

2. 項目負責人：指派具體事項，釐清執行問題細節

3. 執行時間表：跟催後續進度與檢核

把上述思考，畫在心智圖上，我們就能釐清一個高效率會議的重點步驟了。

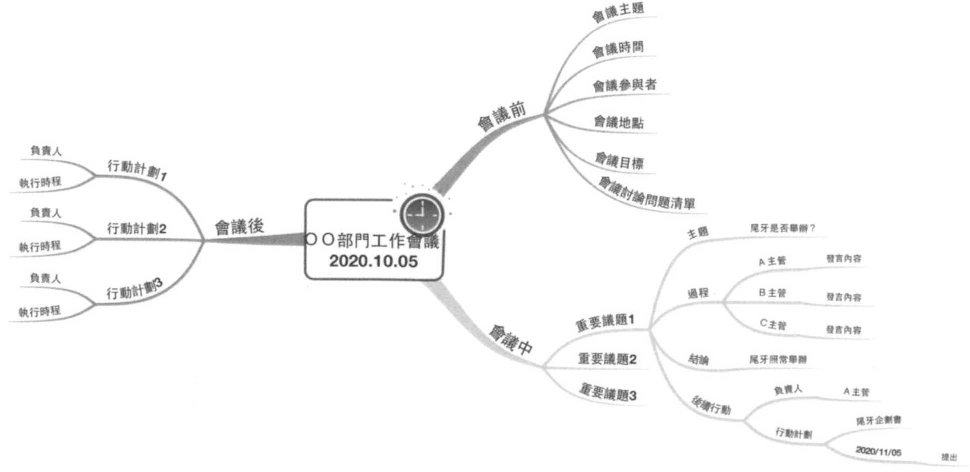

2-6

心智圖法協助你做出更有效的簡報

我不知道各位是否有過以下類似經驗

○ **對台下觀眾來說：**

- 在台下聆聽十分鐘簡報，但是自己卻感覺彷彿經歷十年的景況，當簡報一結束，內心就有衝動想直接衝出會議室，一秒都不想多待。

○ **對台上講者來說：**

- 簡報對很多人來說都是一種恐懼，很多人聽到要簡報都會莫名緊張起來，然後為了要舒緩自己的緊張與焦慮，都會延伸出一種奇怪的方式，那就是把要簡報的內容直接放在簡報投影片當中，密密麻麻都是文字，然後照稿逐字念出來，每次遇到這樣的簡報時，我內心總有一個想法：「為何不直接印講義提供給我，讓我自己閱讀就好！？」

通常如果你有經歷上面類似的情況的話，這樣的簡報通常是失敗告終。後來詢問夥伴為什麼會失敗，很多人都會說是不知道怎麼準備簡報。

我都會跟夥伴們說，如果你真的不知道該怎麼準備簡報，有機會可以去看購物頻道，購物專家就是最好的簡報示範。那要怎麼做比較好呢？

> **因為簡報最關鍵的不是設計簡報，**
> **而是思考出最精練的重點，**
> **其實我們可以用心智圖法來整理出簡報的重點。**

我把這部分一步步帶領大家操作。我舉一個例子，我們家有生產趙媽媽腰果脆糖，銷售成績都還不錯，有相關通路來詢問，我就把之前簡報的內容如何規劃跟大家報告。

用心智圖發想簡報重點，但什麼是重點？

掃描 QR Code，看心智圖
實際操作影片

步驟一

先把該次簡報主題寫在中心主題上。

我們一定知道這次簡報的主題是什麼，就把題目寫在中心主題上，舉例這次是趙媽媽腰果脆糖與通路合作的提案簡報，我就把趙媽媽腰果脆糖放在中間主題。

趙媽媽腰果脆糖
提案簡報

步驟二

主幹寫上「破題」、「重點一」、「重點二」、「重點三」、「結論」。

到這邊，相信大家都會做，但什麼是這些重點呢？

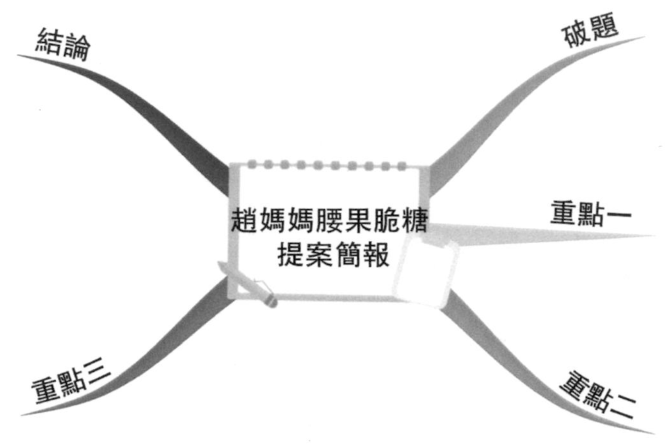

基本上，這是簡報的雛形結構，關鍵在於裡面的內容是什麼？

你思考看看，我們看過購物頻道是不是都覺得購物專家超會講，行雲流水不斷講述我們遇到的痛點，然後銷售產品的優點都能夠有效解決我們的困擾，讓我們心癢癢，覺得自己不買這樣產品真是太可惜了！但我要請各位記得，當如果看到這樣讓你心癢癢的購物專家銷售時，我會建議先把兩個東西放遠一點，第一個是電話、第二個是信用卡，只要把這兩個東西遠離我們，我們就比較能夠聚焦欣賞解析購物專家精心設計的簡報，相信我，這些簡報的關鍵都可以設計規劃的！

你可以試想一下，如果你身為一個購物專家，是不是要把產品成功銷售出去！那要把產品銷售出去，我們充分了解要描寫的產品絕對是第一要務，先不論簡報口條好壞，先充分搞清楚自家產品的優缺點是絕對必要的，之後把優點放大，缺點縮小。

> **但什麼是優點與缺點呢？**
> **應該是「從聽眾角度出發」，**
> **對聽眾來說的優點與缺點。**

之後我們要站在聽眾角度去思考簡報：

- **為何簡報（Why）：一定要知道自己為何而簡報，如果連自己都搞不清楚，這樣的簡報要成功比登天還難。**
- **簡報目的（Purpose）：要清楚自己這份簡報是要說服聽眾什麼，Ex. 招商簡報希望台下聽眾聽完後，會覺得這個計畫很好，他把錢投資在這裡，是有願景可期的。**
- **簡報對象（Target Audience）：簡報對象百百種，就要針對對象做出相關內容的調整。**
- **簡報時間（Time）：時間限制永遠是簡報最大的限制。如何在時間之內不只把該講的內容講完，更重要的是要讓聽眾聽完認同有收穫，進而有所行動，這就是難度所在。**

步驟三

通常我會建議將簡報分類彙整出三個重點好處，分別是重點一、重點二、重點三。為什麼不要太多重點呢？因為「全部都是重點＝沒有重點」，如果要完整呈現，那就把整份企劃書給聽眾就好，但銷售成果絕對不佳，因為僅有非常少數人會閱讀整份企劃書，簡報就是要把重點有效重現，讓大家用相對短的時間了解內容。

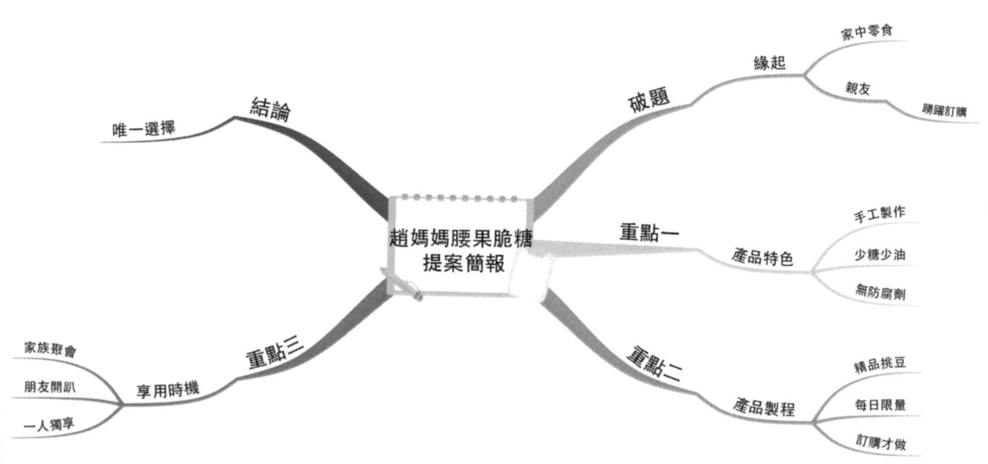

步驟四

如果只有文字的話，還是無法說服某些靠數字判斷的聽眾，那接下來我們需要補充的就是「讓數字來說話」。數字運用的時間與拿捏是很重要的，在關鍵字旁邊放上數字，就可以更加強化關鍵字的權威感。

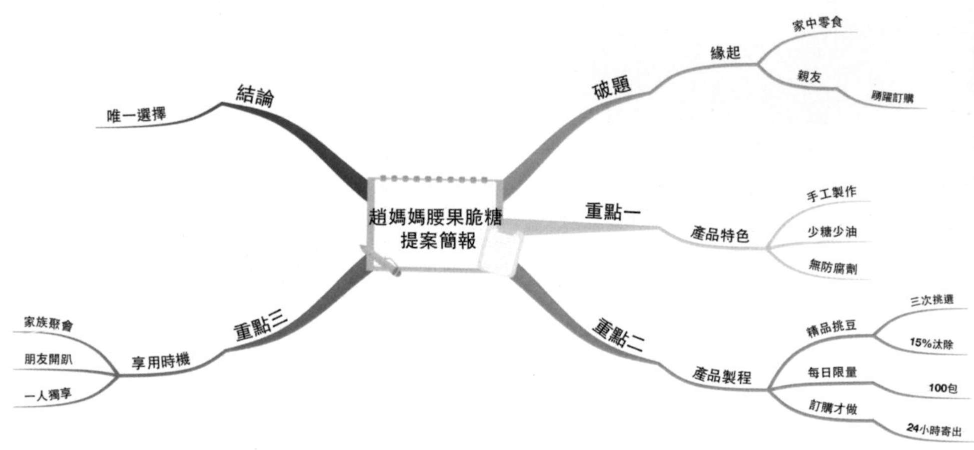

 心智圖法是思考出骨肉，最後才設計簡報

“

請記得，簡報就是為聽眾設計好的劇本，
劇本都是修改出來的，不可能一蹴可幾、一次到位，
都是經過不斷來回修改、實驗回饋而成。
而心智圖法可以幫助你做出思考過程的修改。

”

為什麼要這麼費工，因為聽眾聽完沒有收穫或是沒有行動，這就是所謂「無效的簡報」。由衷希望大家不要製作無效的簡報，因為只是浪費彼此的寶貴時間。

我想起我過往讀到暢銷作家、夢想學校創辦人王文華先生在《我在史丹佛的 12 堂課》中寫的一段文字：

「實習一個月後，老闆對我漸漸放心，放手讓我跟客戶聯絡。我既緊張又興奮，常拿起電話，天南地北扯個不停。老闆告訴我：所有純談公事的電話，都應該在五分鐘內講完。因為大家上班時都忙，專心的極限是五分鐘。五分鐘內講不清楚的事，就用 email，email 不可以超過電腦螢幕的篇幅，超過的話，請去親自拜訪客戶。這些年在職場我發現：五分鐘，的確可以把大多數的事講清楚，只要事先「準備」！由於撥電話實在太方便了，所以大多數人拿起電

話就講，想到哪裡講到哪裡。

有了手機之後，更是隨時隨地都可以講，大家講電話前就不動腦筋。老闆教我：打電話之前，永遠先想清楚要傳達的三個重點，然後寫在便利貼上，一點一點講。並把對方的反應，一點一點記下來。沒有這樣做，你就是在浪費客戶的時間！浪費客戶的時間，是職場上最大的罪！」

是的，浪費顧客的時間是職場最大的罪，那我們平常浪費多少時間準備無效的簡報呢？是否簡報失敗時，依然苦情地唱著阿吉仔命運的吉他：我比別人卡認真～！我比別人卡打拚～！為什麼～為什麼～比別人卡歹命～！希望我的簡報準備方式能有助於讀者你翻轉這樣悲慘的命運。

因為知道自己天份不佳，唯有練習跟準備是強項，並在延遲享樂與過程中，鼓勵自己堅持下去，當然我簡報該犯的錯誤我也都犯過，我只是想分享我自己快速準備簡報的方式，那你的簡報做好準備了嗎？對於聽眾越了解，也越能心領神會他們的感受以及思考方式，做出來的東西也就更能讓聽眾有所共鳴。

所以別有所畏懼，當你要簡報前，請你先用心智圖法把你腦中的想法寫下來吧！不知道怎麼寫的話，可以先用上述心智圖法的簡報模板，把所需要的資訊都先填寫進去，之後再把相關內容分類，依照聽眾思維做取捨，就會有一份還不錯的簡報雛形了。

心智圖法幫你更快思考出精簡脈絡與重點

另外有個例子，幾年前的某天上午，同事跟我説，讀書會主講人忽然身體不適無法前來，主管得知消息後，要我上去代打。而原本悠閒照著自己安排工作進度的踏實心情，瞬間轉為空襲警報。

我就詢問了一下這本書內容，以及要談的主題是什麼？算一下自己到下午讀書會開始，有四小時可準備，讀書會需要帶一個小時，還好有相關投影片可取得，於是，我就用極快速方式，把那本書在一個半小時之內快速瀏覽過一次，並把自己認為是重點的關鍵字與頁數都用心智圖簡略寫下來，之後我就把書本給蓋起來，問問自己：

- **這本書要談論的主題是？**
- **重點有幾項？**
- **裡面有哪些案例適合跟參加者分享？**
- **這次讀書會希望大家結束後能夠帶走什麼？**

“就在第二個小時當中，
把這個內容，
重新用心智圖法將個人理解解構與詮釋。”

第三個小時就開始要進入製作投影片了，還好主講者有提供詳細投影片，節省了我很多的時間，就把 20% 與該位主講者不同的內容補充進去投影片，之後調整為我的順序，當然簡報畫面有些不一致的地方，也快速微調成個人簡報風格，更換母片模板、顏色、字型……等等，加入適合的圖片。最重要的是要調整成我說話分享的節奏，這是最需要練習的。

當做到這步時，還剩下 70 分鐘就要開始讀書會了，我就借了一間會議室，讓我自己練習待會要帶的結構內容，有哪些地方講得卡卡的，趕緊馬上調整，終於在讀書會開始前 10 分鐘，我調整好教材，也練習了五六次，這時我才能夠比較有信心上場，還好有救援成功，讀書會順利圓滿。當然過程中有一些小瑕疵，但是夥伴的通力協助也支援了我，這是我印象很深刻的一次救火經驗。

2-7

利用心智圖法做好時間管理規劃一週行動

時間就是金錢，這件事情很多人都知道，但「理想很性感，現實很骨感」，就算知道時間很重要，但還是覺得自己時間不足的人不在少數，甚至恨不得自己一天擁有 48 小時，才足以應付排山倒海而來的任務。

過去我也常常忘記很多事情，也上了時間管理的相關課程，但是總覺得還是做不完，或是做完但卻覺得瞎忙，還可能沒有兼顧到家庭跟健康，那該怎麼辦呢？在自我鑽研閱讀時間管理這個課題，後來有機會去上張永錫老師、神編輯電腦玩物站長 Esor 的時間管理課程，讓我時間管理能力有了大幅度的躍進，特別在這感謝。

目前就我對時間管理的理解，我們無法管到時間本身，唯一能夠管的是我們自己使用時間的習慣，所以只有養成良好使用時間習慣，才能達到相對極大化我們的時間利用。我自己會使用心智圖法來做時間管理，我就把我過去的時間管理使用習慣拆解跟大家分享。

我的時間管理習慣

通常企業九點鐘上班，我就會差不多九點鐘準時抵達，然後一邊吃著早餐、一邊開啟筆電瀏覽 outlook，看看有什麼信件要回覆，並且同時規劃自己的時間。

> **通常我會在週末就啟動，**
> **開始拿出行事曆來思考下週的工作事項，**
> **先快速書寫下來哪些事情要完成的，**
> **之後再根據 Deadline（最後期限）跟急迫性**
> **來安排未來一週的工作時段。**

有人說：「週末啟動真的能對於工作產生很大的效益嗎？」以下是我的個人經歷與觀點。讓我來跟各位分享「週末完成」跟「週一一大早完成」有什麼不同呢？

- **週一一大早完成當天行程規劃：**

  我也曾經有不好的時間管理習慣，週一上午我進入辦公室前，要先送完小孩上學跟太太上班，之後前往辦公室工作，結果時常碰到尖峰時刻而塞在車陣當中，抵達辦公室九點左右，接著開啟電腦，啟動 Outlook 收信，來回顧上週五到週一到底發生什麼事情，邊吃著早餐，邊思考著自己未來一週要忙些什麼工作，想說今天進度規劃好，能夠照表操課完成。就在我心裡這麼盤算的當下，辦公桌上的電話或 email 就進來，緊接著進去會議室開會，開始一天的緊湊行程，結束忙碌一天後發現自己很疲倦，但還有很多事情還沒做，也來不及交代部屬，結果只能自己擔下來做，只能趕緊加班完成，結果錯過家人晚上聚餐。

下班後，匆忙前往，遲到一個半小時，可想而知我家人的心情跟臉色也不是太好看，也因此對自我的肯定很低，常常有不知為何而忙、或自己到底做完了哪些事情的疑惑，影響自己認同。長期下來大腦不斷盤算著還有哪些事情還沒做，擔心焦慮則讓工作效率更差，逐漸走向惡性循環……。這樣的人生，你是不是覺得似曾相似呢？

○ 週末先完成一週行程規劃：

後來我嘗試用心智圖法在週末規劃，週一進辦公室之前，我試著用心智圖法讓自己先了解接下來這一週要做什麼，逐漸走上軌道，不只是空想，而是能夠確實行動實踐出來！

然後，我提早一個小時進到辦公室，這個時間不會塞車，通常提早進辦公室都沒有什麼人打擾，可以安靜地規劃並思考工作內容，我習慣一邊看著我用心智圖法做的每週工作清單，一邊從容吃完早餐之後，我就已經暖機準備好進入工作狀態了。通常我八點到八點半進辦公室，到九點半之前早已經完成好幾樣工作，當大家進來辦公室的時候，就可以開始處理需要團隊合作或是溝通專案，幫助自己節省時間與多專案並行。

雖然還是忙得團團轉，但有接下來一週心智圖當底，就比較能夠掌握該如何做工作及時間管理的分配！

用心智圖法預先規劃一週行動

而且我覺得用心智圖法規劃每週工作清單最大的好處是，當我排定每天的行程之後，我的心裡壓力就小很多，就暗暗告訴自己：「我只要把這上面的工作一一做好之後，我今天就完成了！加油！你好棒！」不僅也提升我的自信心，也同時讓我的大腦得以運作更順暢。

為什麼呢？因為你嘗試看看，邊做一件事情，但是心中想的是另外一件事情時，你覺得自己做得快嗎？想當然爾是一定會比較慢的，而且腦中胡思亂想，很容易頭暈腦脹，讓自己處於很容易疲憊的狀態，產生負面情緒，也就更加難以專心於目前工作中。大家常常是人在現場工作，心在擔心未來，怎麼能夠開心得過好每個當下呢！所以用心智圖寫下來，就可以幫我們省下這不必要的困擾，誠摯推薦給大家一定要使用！

我非常敬愛的老師陳怡安教授曾經在課程中說過：「踐行，是檢驗真理最好的方法！」讓自己成長的最好方法，就是脫離舒適圈。我們都知道這樣的道理，但是知易行難。學習心智圖也是一樣，雖然使用新工具確實需要一點時間去習慣適應，但，腦袋是用來思考而不是拿來記憶雜事，細節跟瑣事不同，細節是我們對於專案任務的細膩完美追求，瑣事則是消耗自我精力，讓自己的生命盡量減少瑣事，專注於細節完美過程中，這樣把力氣用在有價值的地方，就能夠快速嶄露頭角！

但是，利用心智圖法做好一週的規劃，這樣做完真的就能夠一帆風順了嗎？我不這麼認為，每週工作清單確實能讓我工作比較輕鬆一些，90 ～ 95% 都能在期限之內完成，也相對善用時間把握住重點！只是做這麼多事情，有時候也會感覺到疲憊，有時會迷失不知道自己為何而戰！這時候會暫時放下手邊的事情，給自己一小段安靜時間，讓自己跟自己內心對話，就會問問自己：

- **我做這些究竟是為了什麼？**
- **我當初進來這邊的初衷跟意義是什麼？**
- **我完成了當初我設定的目標了嗎？**
- **如果還沒，那接下來我該做些什麼呢？**
- **我有哪些障礙需要去溝通或克服呢？**
- **我這一生所為何事？**

我現在偏離我的人生目標嗎？若有，為什麼？若沒有，那我在煩惱困惑什麼呢？

哪些事情跟我的人生比較相關聯，或是可以支持我往人生目標前進的？

我也會用心智圖法來思考寫下我自己的內心掙扎糾結，雖然不是所有事情都有解，但我從中寫下的對話，真的幫助我釐清不少事情。

以下則是我用心智圖法來做時間管理的操作步驟。

掃描 QR Code，看心智圖實際操作影片

步驟一

先在中心主題寫出下週日期。

在週末一次把下週所有事情都列下來有一個好處，那就是能夠相對確保工作不會有時太繁重、有時太輕鬆，反而可以讓自己呈現「穩定且持續」產出。這很重要，因為我們不是隨時隨地都是狀態十足的模樣，有可能遇到事情很多但是狀態不佳的情況，每天都有相對穩定的工作待辦清單，比較不會出現一天提早忙完過於清閒而浪費時間，一天加班到凌晨還做不完疲於奔命這樣的波動人生。

步驟二

主幹寫下一週七天的七根主幹與日期。

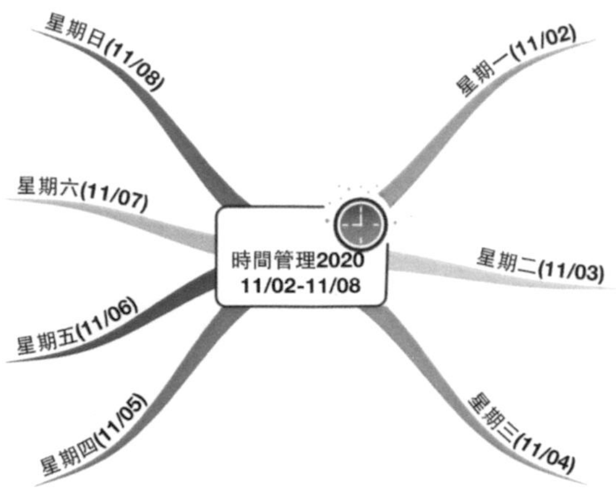

步驟三

預先逐一思考並填入下週要完成的工作、會議、採購、作業等等。

這一步很多人都會納悶，為什麼不事先隨意發想下週我們要做的事，才把事情排在我們希望的時間呢？而是要先依照日期去做思考？

這是因為就我的個人實際操作經驗而得，通常在排一週行事曆時，有些會議早已排定無法更動，我就會先把那些填寫上去，因為不可迴避，就是先把一定要參加的填寫上去，這樣可以減少一些規劃分類的工作、節省一些時間。

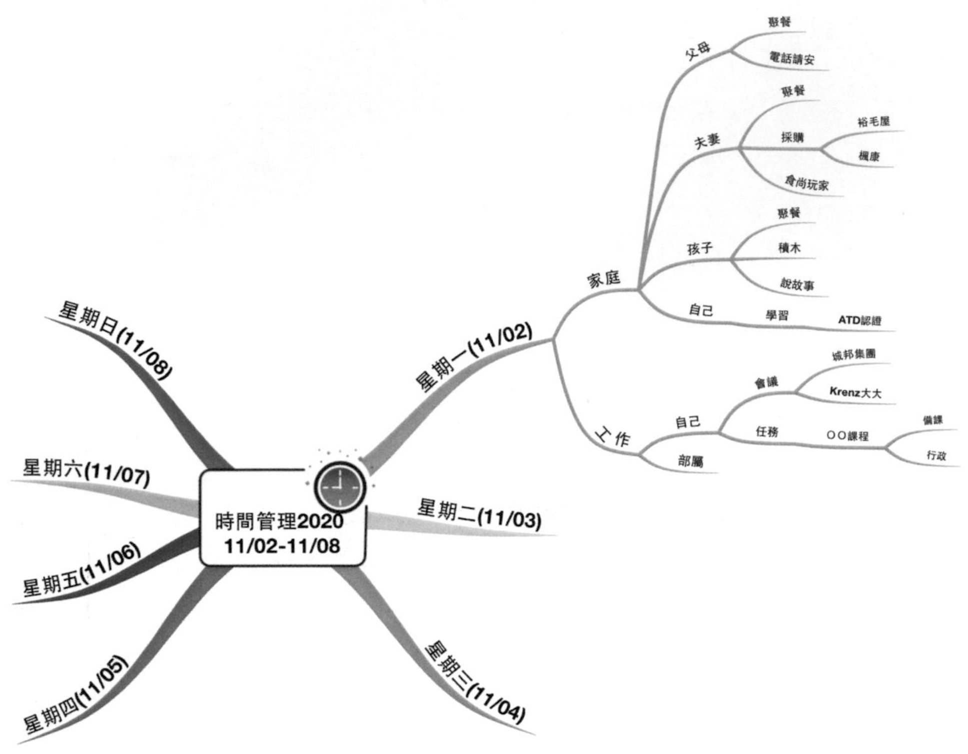

那有哪些事情要寫上去的呢？我只掌握一個原則，那就是「會花我時間做的都是待辦工作」，全部都要盡量列上去！因為當我們全部都條列上去之後，內心就可以消除掉「一直擔心有事情沒考慮到」的擔憂，寫完之後自己也會有一份安心的感覺，知道自己把這列出來的工作都處理完就可以了，這樣反而可以讓自己更加專注、聚焦。

步驟四

當任務完成後，就可以在項目加上打勾的圖示。

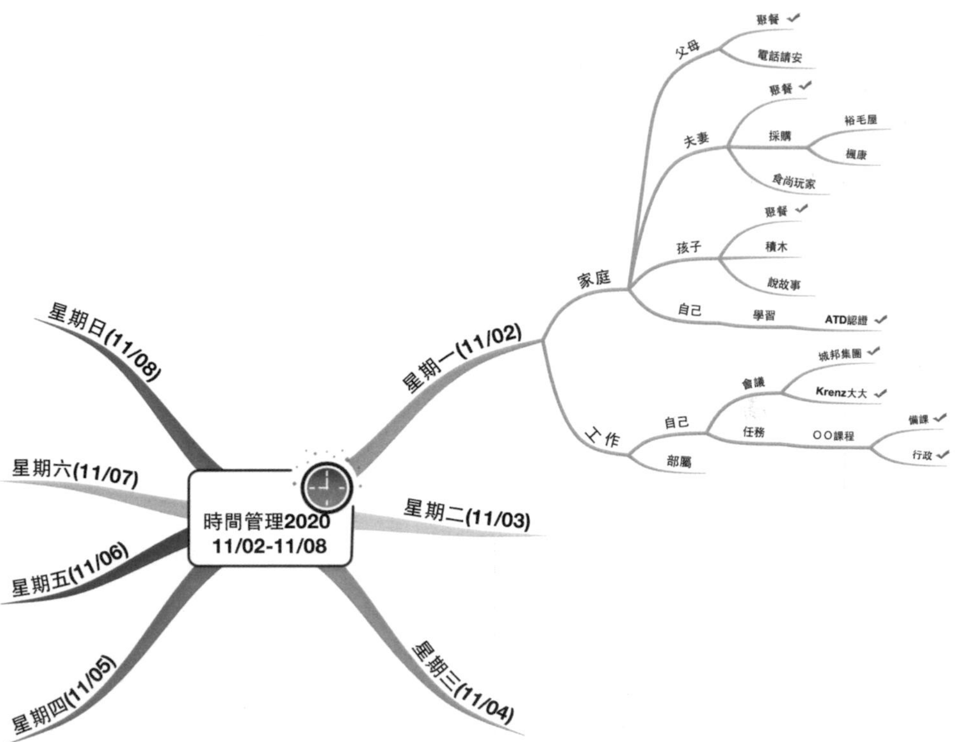

如果列出待辦清單更想拖延怎麼辦？

聚焦待辦清單有一個關鍵：那就是「馬上行動不要拖延」，千萬不要有「完美心態」，而是要抱持著「完成心態」，透過完成把事情往前推進才是王道。

拖延這個症頭，在現代人身上很常出現，一般人總是把工作拖延到期限的最後一天才去完成。所以千萬不要拖延，行動才會讓進度推進，可以透過以下方法來減少拖延：

- **設定獎勵誘因，鼓勵自己準時不拖延（像我就喜歡提早完成後，獎勵自己吃一顆巧克力，延後完成就處罰自己不能吃）。**
- **把工作拆解成小區塊各個擊破：有時候時間很破碎，但我又規定自己每天都要讀書怎麼辦？那就是利用零碎時間閱讀，所以我身上隨時隨地都帶著兩本書，等待高鐵時，我也會拿起書來閱讀，假設五分鐘可以閱讀 10 頁，一上午有半小時 30 分鐘，我就推進閱讀 60 頁了，零碎時間累積起來也是很驚人的產出。**
- **用預計完成的七成時間進行：當我在做例行性工作時，我經常內心會出現不耐煩的小聲音，只是做例行工作當然覺得索然無味，這時候我就會讓自己的注意力轉換到工作效率上，問問自己幾個問題：**
  - 過往需要花費多少時間完成？

- 目前做法是最佳做法嗎？
- 真正必要完成的工作區塊有哪些？
- 那些區塊的工作真的很重要嗎？
- 省略這區塊工作真的會出問題嗎？
- 我如果要把時間縮短為原先七成，要怎麼做才能完成？

這樣持續改進，讓我之前在集團任職時，一份每個月要費時兩週製作的內容，最後可以優化到半天完成！這就是持續改善精進的威力！

用心智圖法預先規劃時間的優點

當我們聚焦完成工作時，久而久之就會養成習慣，當已經預想下週中段可能有一兩天工作比較多，那就可以提早規劃並提早完成一些任務，這樣可以避免當週中段時間過勞與加班太晚，而到了週末寫下一週的待辦清單時，也要同時回顧這週待辦清單完成的進度如何，做一下覆盤，並且在下一週待辦清單中做出相對的優化與改善。

這樣持續做一段時間，就可以發現自己時間管理能力大幅度躍進。如同十九世紀丹麥哲學家齊克果（Soren Kierkegaard）曾說過：「生命只能從回顧中領悟，但必須在前瞻中展開（Life can only be understood backwards; but it must be lived forwards）」。你可以透過心智圖法來回顧檢視自己的工作進度，從中給予修正改善，並且對於未來做出新的開展！請記得，時間是有限的資源，請勿輕易浪費！

最後，讓我們總結用心智圖預先規劃時間的四個優點。

○ 好處一：管一週優於管一天

我們可以一次管一個禮拜，這樣可以減少每天計畫變動太大的情況，因為可以知道，原來有哪些東西應該提早準備，提早準備才能夠讓自己避免遲交的狀態。所以我幾乎所有的區塊幾乎都沒有遲交的比例，都是準時在時間之內完成。這都是多虧了心智圖法每週工作清單模板對我的幫助。

○ 好處二：我們可以比較快的走過低潮

因為每週都有用心智圖法每週工作清單撰寫工作待辦事項，完成的就打勾，然後聚焦在尚未完成的項目當中。透過回顧過去幾個月的完成項目，就會幫自己做一個打氣加油的動作，然後告訴自己其實你完成很多事情，要能快速從質疑自己的責備心態，調整為往前邁進的行動狀態，我覺得心智圖法每週工作清單的書寫是很重要的關鍵行動。

○ 好處三：可以快速判斷事情優先順序

因為已經把所有事情都列出來了，我就可以馬上做判斷跟篩選，這時候大腦就發揮功能，我就會開始問自己三個問題：

這件事一定要做嗎？
這件事今天一定要完成嗎？
這件事一定要我自己做嗎？

光透過這三個問題，就能夠快速幫我把事情輕重緩急分類好，因為我從自己定期檢視回顧自己的工作項目發現一個很重要的洞見：那就是生活中有一些項目是不變的，是會持續發生的。那我就思考能不能把經常出現的內容 SOP 標準化流程，然後不斷優化流程，就可以產生最佳行動方案。然後就會有比較多的時間可以處理那些難以標準化的項目。舉個例子，像是我自己企業內訓的上課準備，我需要準備課前問卷、課前訪談、課程講義、當天需要的教具等等，這些事情都會是一個既定項目，那我就可以把需要做的事情直接貼在工作清單項目當中，我自己就知道需要完成哪些事情。

○ 好處四：工作與家庭取得一個相對合適的取捨點

你在公司裡面寫的工作清單裡寫的一定是工作，可能完全不會寫到家庭這塊。當你的生命全部都只被工作填滿的時候，你會發現沒有顧及到家庭區塊，舉個例子來說，你可能答應幫家人完成事情都沒有做，比如幫太太買一罐奶粉或者一包尿布，甚至是你可能要帶一套卡片或者買一個小糖果給小孩。不要以為這種小事不重要，因為這些小事都是彼此之間情感帳戶的累積。所以，我每週工作清單除了會放工作項目外，同時會放入家庭項目。我覺得工作與家庭是人生最重要的兩個區塊，家庭區塊是由我們每天要做的很多小事累積而成，像是給父母親打電話請安，這都是一個情感連接跟創造回憶的可能性，所以盡可能把它寫出來。如果你發覺工作清單裡面都只寫工作，但是少了家庭，我覺得某程度也是很好的覺察並作出改變的契機。就像謝文憲老師所說，人生沒有平衡，只有取捨！心智圖法每週工作清單可以讓我們思考目前的工作項目是不是仍在我所期待的範圍當中，還是要有所調整，就像陳怡安老師所說：「自覺，是改變的開始！」

2-8

心智圖法幫你重新定義問題、解決問題

什麼是工作能力？定義問題、解決問題的能力

每次在上心智圖法企業內訓的時候，常有學員休息時間來問問題，我覺得這代表學員對於心智圖是有感受的，而且想要運用心智圖來解決自己工作上／學習上的問題。

常常有學員會來詢問：「請教老師，我該怎麼把心智圖用在企劃方面或是問題解決上呢？」

我就會好奇問學員：「請問什麼是企劃呢？」學員常常會無法回答。根據新潮社出版的「企劃書」一書中對於企劃的解釋為：「企劃伴隨著提案、被採用的過程。亦即根據某個目標，描繪出實現目標的工作型態，和提出方案，乃至於實現提案內容的過程，及其成果。」換句話説，企劃通常比較多是以「開發性」為標的，並可能需要爭取高層或客戶的認同後，再進行下一步的執行規劃。

> **簡單來說，我覺得企劃與工作能力，**
> **其實都是找問題跟解決問題的能力。**

傳統寫企劃常常都會找範本來，但只是照本宣科、把企劃書範本「空格填充」，寫完企劃也無法確認是否能夠解決問題，這樣的企劃往往是沒有靈魂跟執行價值的。那要怎麼做比較好呢？在我看來，首先需要做的是先要釐清我們目前遇到的問題是什麼，然後根據問題的痛點著手，對症下藥。

那就會出現一個疑問：「什麼是『問題』？」目前最廣泛流傳的問題定義是：「當現況與目標有了差距，就遇到了問題。」所以問題的產生一定有三個關鍵元素存在，分別是「現況」／「目標」／「差距」。

一般人所描述的情況往往只有現況，但是並沒有把目標列出來！舉個例子，我周遭朋友也開始出現希望減肥的聲音，雖然一直都聽到他們想減肥，但是僅有極少數人能減肥成功，並能從聊天分享當中得到減肥成功的要領。

而沒有減肥成功的人，會出現類似話語：「美食當前，減肥是明天的事」，「我天生體質易胖，連呼吸都會變重⋯」，看似合理，其實說出來都是希望聽到的親朋好友可以「呼應」她／他的想法，然後「合理化」自己沒有變瘦的事實，很多時候都不是自己能夠控制的。然而減肥成功的人說出來的話與往往是另一種方式，像是「我有明確減肥目標幾公斤」，「我有幫自己設定期限」，「美食當前，我很忍耐克制…」等，也因為「目標明確」（數字化）與「制定期限」（急迫性），讓他每天都很在意這件事，也因為在意，所以才能夠減肥成功，而這樣讓自己成功做到是可以增進自信心的。

 利用心智圖找出問題在哪裡？

之前遇到一個案例是這樣的。

A 公司遇到了產品專案進度延宕的狀況，觀察該團隊的成員都很認真完成自己份內工作，彼此感情也很和諧，卻經常發生專案延宕。結果主管判斷這些夥伴需要上專案管理課程，主管認為一定是專案管理技巧不好，才會導致專案延遲！

我前往 A 公司跟主管與關鍵學員做訪談，在與他們溝通之後，我發現問題並不全然在專案管理上，而是大家對於問題的認知有所不同，個人多半僅在意自己分內工作，卻不曾過問他人負責的區塊，所以導致產品可能中間發生銜接上的落差，卻因為無事前溝通，產生錯誤後才緊急修正，因此雖然表面看來大家都「如期完成」，卻因缺少溝通，而耗費時間在處理中間的銜接落差，造成延宕，爾後也沒有跟催動作…，當大家順利趕完一個專案之後，另一個專案也接踵而至，然後大家又陷入一樣的循環當中 ...。

當我請教大家為什麼如此時，大家怯懦地說怕傷團隊和氣，因此選擇「相信」，結果反而因為這份「盲目的相信」使問題惡化，最後該產品經理辭職負責，但是產品專案進度落後，依然沒有改善，反而團隊士氣更加低落……。

回歸原點，我們應該在專案一開始的時候，就給予團隊參與人員明確的方向，比如說：看著心智圖檢討是在哪個環節出現什麼問題，大家開始聽不清楚彼此的意思，或是有什麼誤解，要在會議中把事情討論清楚，確保大家有一致的共識！這樣就事論事，就相對不會有疑惑存在。

那如同前面所述，專案遇到卡關或是延遲的問題時該怎麼辦呢？那我通常會用心智圖法畫下四個主幹，分別是 What、Why、Impact、How to do。

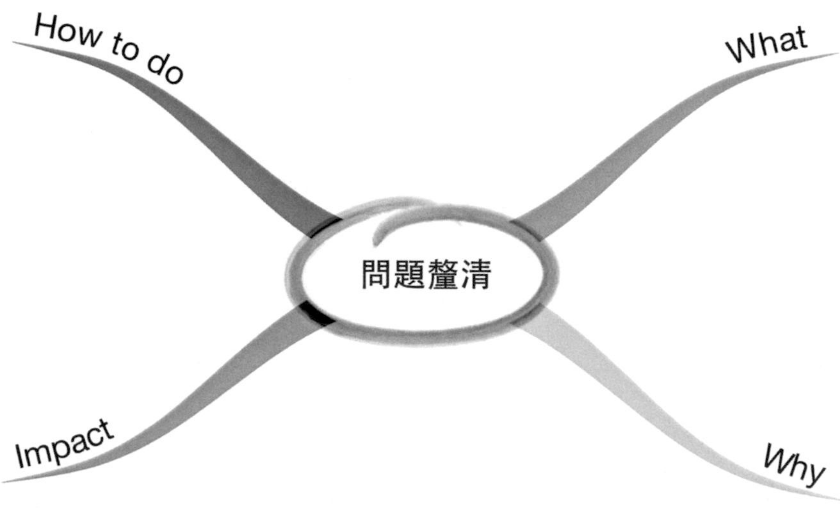

- **首先我會了解目前發生什麼狀況，在 What 中釐清，先掌握目前到底發生什麼情況。**
- **之後會再了解一下來龍去脈，內容會寫在 Why 裏頭。**
- **同時，詢問這件事情沒有完成會有什麼樣的衝擊產生？程度如何？這區塊會寫在 Impact 當中。**

在這三個步驟的時候，每個人都當自己是一張白紙，不斷去問對方問題，不管他能否順利回答出來，都會一直追問下去。

這樣就是你在拆解問題時，可以做的心智圖三步驟：

- **步驟一，可以知道負責同仁對於這個企劃案了解多少，以及之前到底做了多少功課。**
- **步驟二，可預判主管隔天對於這企劃案的期待是什麼？是要寫到非常完整，包含連預算與排程都要條列出來，或企劃案發想的新主意是什麼。**
- **步驟三，進入 How to do 的支幹內容！發想該怎麼做？有什麼樣的方案呢？這些方案有哪些工作要做？誰來做？大概需要花多少時間？成本？資源？還有什麼目前不足的嗎？需不需要外包？……等等，這就是 How to do 的支幹內容。過程中都是寫關鍵字把內容大項給涵蓋進去，之後根據預算抓要什麼樣規格的產品…。**

就這樣跟他洋洋灑灑討論了半小時，基本上半小時之後，整份企劃案的大綱跟內容細節，工作的優先順序已大致排出來後，之後就讓他獨立撰寫並潤飾完整份企劃案，隔天可順利繳交給主管。

利用心智圖法拆解解決問題方法

用心智圖法規劃解決問題的企劃，則可以依循以下步驟：

- **先用 What／Why／Impact／How to do 四個主幹下去挖掘問題。**

  問題如果沒有找清楚，所提出來的解決方案都是虛無縹緲或是為做而做的，治標不治本！因此，就目前自己了解的情況，把大腦所知道的內容與聯想到的內容，都一併用關鍵字寫進去心智圖當中。

- **問問自己：原先提出來的行動方案如果都達成，真的能夠達成這個企劃目標嗎？**

  通常還是會有不足之處，而這個不足之處則要搜集更多的資料，此時可以用 Google 查詢，閱讀專業書籍，或是請教資深同仁與第一線同仁一起討論，將會使心智圖企劃更加完整。

- **找出過往哪些方法，並且評估這些方法目前執行後的效益，並同步思考是否有更加嶄新與更有效果的方式。**

- **基本架構完成，邀請主管或資深同仁討論心智圖法企劃案。**

  確認方向正確後，才開始製作正式企劃書與報告投影片，以節省寶貴時間。

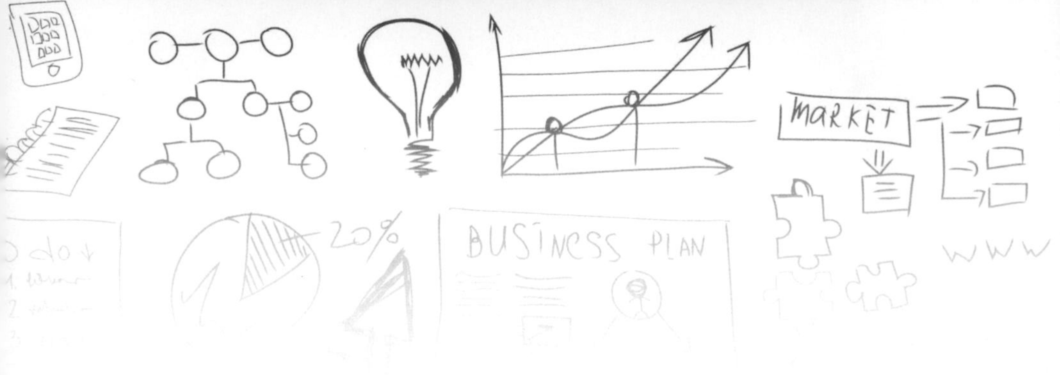

Part 3

心智圖法的知識整理術

3-1

用心智圖法高效率整理書籍閱讀內容

閱讀並不需要全部記得，更不用怕忘記

開卷有益，這件事我相信很多人都知道，但你是否也曾經遇過以下類似情況：

- **讀很多書／上很多課後，還是很多內容都記不住嗎？**
- **學越多忘越多，然後內心充滿挫折？**
- **對於你自己過目就忘的情況感到挫折懊惱？**
- **等等**

如果經常都出現這樣的困境，就會開始做自我內在歸因，覺得自己念不進去，就是因為沒有閱讀天賦。通常很多人就會直接「避開」閱讀，久而久之就更不可能在生活中養成閱讀習慣了！

但是這是一個非常錯誤的認知設定，忘記本來就是一個再正常不過的現象，你試想看看，如果真的「過目不忘」，難過的事情永遠都如此清晰，是不是也是一種痛苦呢？像是跟ＯＯＯ共事很不愉快、ＸＸ人偷竊、ＯＯＯ傷害誰 ....！事情都忘不了，那每天都記得這麼多的事情，大腦也會感到很疲憊吧！所以要先告訴自己：遺忘是好事！在自己的腦袋中翻轉這個認知之後，就會發現因為怕忘記而不願意去閱讀，是逃避閱讀的藉口！

那應該怎麼閱讀比較好呢？

其實閱讀是一個很便利的行動，為什麼這樣說？現在用於閱讀的載具越來越多，如：手機、平板、筆電……等等，網路書店訂購書也幾乎兩天內就會到貨，現在書籍的取得已非常便利。但是，爭奪大家眼球注意力的產品也越來越多，除了大量免費資訊外，還有串流軟體、影音頻道，最近更是有 Clubhouse 讓大家瘋狂開房等等，讓大家看書的時間與機會越來越少。

所以，想要用閱讀強化學習前，起碼你要先喜歡閱讀，以及能夠享受閱讀的樂趣。

思考，改變命運；而知識，可以改變思考

我們這本書的主題是心智圖法思考術，意思是希望利用心智圖法這樣的工具，強化我們的思考，從而幫助我們去解決真正的問題，展開有效的行動。

> 而閱讀學習，則是強化思考不可或缺的一環。

閱讀真的是一個很棒的經驗。而且，相較於雜誌，我會更加推薦閱讀出版書籍。為什麼？主要是因為時間淬煉。雜誌定期要推出，定期出版搶的是時間，在有限時間之內完成就要出刊，不然就會開天窗。而要寫成一本書，通常要經過一段時間的醞釀與校稿，作者與編輯的多方考究，以及設計與市場的多方面考量之後，才能夠出書上架到通路上。因此，要成書就是一件不容易的事，接下來就是接受大眾市場的真實考驗，能夠持續在暢銷榜單上，很多都是經過市場考驗的好書。

為什麼會知道這些事呢？因為我個人是重度閱讀者，我每年約有 250 ～ 300 本書的閱讀量，這讓我的思維不斷迭代更新，然後透過執行力來實踐突破，進而產生高效成果。

我自己就是「知識改變命運」的受益者，讓我成為一年企業內訓授課時數零小時到數百小時的培訓師！回想我剛開始出來擔任講師的時候，沒有任何資歷、沒有任何名氣，免費授課大家都嫌棄，後來遇到恩師楊田林老師的百年樹百人講師培訓課程（目前更名為良師樹人講師培訓課程），以及自我大量閱讀，因而成功翻轉。

> **因此，我覺得要能夠**
> **在這變化迅速的世界中佔有一席之地，**
> **成為專家中的專家是最好的途徑，**
> **而閱讀技巧是現代專家的必備技能。**

如何閱讀一本書？

而談到閱讀，這些年來，念過4,000本以上的書，包含專業書籍、工具書、小說、商業書籍等等，而有一本書一直影響我很深，也是我非常推崇一本閱讀經典，那就是《如何閱讀一本書》這本書。

《如何閱讀一本書》這本書說實在很不好讀，裡面舉例很多西方經典，我們基本上聽過但可能一輩子沒讀過，如果是單單把書當成書來看，你應該會覺得十分無趣，因此跟大家分享可從另外一個角度著手，那就是把這本書當作學習地圖。

怎麼說呢？我的角度是這樣的，就從你喜歡的領域基礎書籍著手，之後搭配這本神奇的書，這本書的珍貴之處，就像把你的閱讀內功提升，打通你的閱讀任督二脈，把很多看書的盲點都可以一一找出並化解！

我也利用了《如何閱讀一本書》當中的關鍵心法，讓我在閱讀時更快速，但又能整理出有效的思考學習心智圖。

“

而我怎麼做主題閱讀呢？

我用三個字總結我的學習，

那就是「讀」、「輸」、「匯」。

”

是的，我今天要跟大家分享的就是「讀書會（讀、輸、匯）」，而這個讀書會代表什麼意思呢？「讀」是「讀書」，「輸」是「輸入」，「匯」是「匯總」。這裡會用這三個字，跟大家分享我的閱讀學習技巧，以及心智圖的搭配利用。

讀書前應該做什麼？

讀書前，我一直放在心中的念頭：

- **我為什麼想要念這本書？**
- **這本書哪裡吸引我？**
- **我希望從書中學到什麼？**
- **有相關參考書籍可閱讀？**

接下來就是找尋有興趣的主題來作閱讀，我也時常逛書店。從翻書的一開始就有系統地略讀我有興趣的主題：

- **封面標題：**

  先看書名封面，現在書籍通常封面跟標題就會傳達重點，如果連被拿起來翻閱都困難，此書想必銷量堪慮。

- **作者：**

  作者是誰很關鍵，有些專業領域有其宗師或專家寫書，那就是必定要買來看的內容，或是閱讀作者簡介，看自己是否對此書有所興趣。

- **譯者：**

  國外作者的書都會有專業譯者翻譯，我就會追蹤特定譯者，因為譯者其實決定了一本經典著作的譯文失真與否，好的譯者要支持，壞的譯者要避開，這是我在內心會做的權衡。

- **書腰：**

  通常會有很多專家人士推薦，你就可以看哪些推薦人你認同，有時候購買書往往是買一份認同感。

- **序言：**

  通常一本書有序，就通常會有推薦序與作者自序兩種，兩種我都會勤加閱讀，因為最重要的重點精華都在這段當中。

- **目錄：**

  翻閱目錄，就可以大致了解書的結構與內容，並把剛剛序言所讀到的關鍵字詞對照重要章節，了解重點的所在位置。

我會先快速把這些內容瀏覽過，然後我會把推薦序、作者自序、目錄多看幾次，因為這些內容都是至關重要的，如果能夠熟悉相關內容，書中很多內容就可以讀得更快。

如何在閱讀後輸入？

閱讀完一本書，有一種暢快感，會覺得瞬間自己大腦進入非常多的訊息。只是會常常遇到一個問題，那我剛剛到底學到了什麼呢？我們要做一個主動的閱讀者，閱讀一本書的時候，你一定要提出四個主要問題：

- **整體來說，這本書到底在談些什麼？**
- **作者細部說了什麼？怎麼說的？**
- **這本書說得有道理嗎？是全部有道理？還是部分有道理？**
- **這本書跟我有什麼關係？我有什麼感覺？用什麼觀點來看待這本書？**

我如果回答不出來，或是回答這四個問題卡卡的時候，我一定會重新回去看是不是哪裡我沒有讀懂或是遺漏了，一定要在這步驟把內容搞懂才行。

由於期許自己不要當一位萬年教材老師，一直以來，就有製作學習部落格，強迫自己鍛煉。我的恩師楊田林老師在每次講授前，也常常把相同教材修改 10 ～ 15% 的內容，但，要能因應不同人事時地物、有靈感及新想法來更新教材真的很難，不過，只要經常閱讀，就能時常吸收資源，幫助自己不斷更新。

讀完最後要懂得匯總到心智圖

之前在美國深造時，一直非常仰慕耶魯大學的教授羅伯．席勒（Robert Shiller），他是經濟學博士，也是暢銷書《故事經濟學》的作者。席勒教授可以用四個小時把一本厚厚的經濟學原理完整閱讀完畢，這怎麼可能？！但進一步仔細推敲研究，發現這是有可能的。

羅伯．席勒教授能閱讀這麼快，都是來自於他深厚紮實的背景知識，他在經濟學領域專研許久，也有自己理解該領域的知識框架，所以懂的內容可以快速掃瞄過去，主要去看有沒有新的說法或是新的案例即可，所需要花費時間大幅度減少。

有為者，亦若是。那接踵而來的問題就是，我該如何架構自己的閱讀思想體系呢？我也在拙作《拆解問題的技術》一書中曾提到我的做法：

“

透過自己閱讀吸收所建構的知識體系，
將多本相同主題、相同概念的書籍，
進行知識解構之後，
放到自己知識體系架構當中，
而我的知識體系架構就是用心智圖法所建立的。

”

所以我是一個主題一張心智圖總表，每次讀到的內容都彙整進去這張心智圖當中，讀一本簡報書籍跟讀五十本以上的簡報書籍所涵蓋的內容是不同的，但都匯整在一張簡報心智圖總表中，建立的知識體系架構完全不可相比擬。

“

這樣利用心智圖法做的主題式閱讀，
可以讓我們針對想要闡述的概念、意義，
做出自己的「關鍵字」圖表，
透過博覽群書迅速擁有整體觀跟豐沛案例與說法。

”

在操作技巧上，需要用「文字背後意義或代表意涵」來串連關鍵字，這樣才能讓自己做到知識解構並整合架構聚焦，而不只是讀很多、蒐集一堆知識碎片。

對於第一本閱讀可從 Top-down（由大綱目錄→章→節→段） 或是 Bottom-up（先從自己有興趣的片段看起）切入閱讀，先把相關重點用心智圖法條列出來當作線索，到閱讀的後期整理時，彙整中再「兼顧」全貌與細節。

用心智圖法高效率讀完一本書

想讀的書很多，但最大的限制資源就是時間，而每個人最公平的是一天都有 24 小時的時間，但是產出卻是天差地別，就在於我們如何妥善應用時間，我就在思考，如果三小時我可以讀完一本書，那得到的收穫可能是一本書的收穫。如果我能縮短讀一本書的時間，像是一本書只讀一小時，這樣我就可以善用三個小時讀三本書，是不是就可以有三倍的收穫呢？（如果能夠做到該有多好！）所以如果用這樣的邏輯往下展開，閱讀每一本書的效率就是決定關鍵。

以我實踐的結果，我認為搭配心智圖法來高效率讀完一本書可以依下列的步驟進行：

步驟一　帶著問題意識來讀書

很多人讀書真的是讀樂趣，而有些人則是想要解決問題。我覺得抱持什麼樣的心態去閱讀絕對關鍵影響後續產出，就像有些人閱讀就能夠得到飛躍性成長，而有些人明明看了很多書，但是就是覺得他沒有什麼改變，都是抱持心態的差異。現在時間都很寶貴，所以請隨時帶著問題意識去讀書。

在閱讀時專注在抓出跟目前困擾問題有關的解決方法，因為我們重點不是在讀書，而是在解決問題，這才是能夠讓不同行動產生不同結果很重要的關鍵。

另外，為了儘量蒐集解決問題的各種手段，同時也應讓自己保持空杯心態，因為這樣才可以吸收跟學習新觀念。所以，帶著問題意識跟空杯心態，讓自己從書籍中找出解決問題的新可能。

步驟二　先瀏覽封面、封底，抓出基本重點

拿到一本書之後，可以先把封面、封底閱讀一次，然後看看自己對哪些關鍵字有「感覺」，把相關關鍵字圈選出來，並找尋相關圖示來當作中心主題，就可以更快發展出這本書的心智圖重點。

步驟三　把目錄大綱拆解成關鍵字，放到主幹、支幹

通常在第一次閱讀新書的時候，我都會先用作者的思維邏輯來做主幹的分類，因為重點是快速了解書的內容，用既有架構是最好理解作者思維的架構。

簡單的作法是，先把章節名稱都先寫上去，然後把每一篇文章的標題截取關鍵字出來，寫進去支幹當中，當我們把相關資訊放進去後，基本上就能夠讓我對各章節都有基本的關鍵字認識，而這一切只不過發生在十分鐘之內。

步驟四　快速閱讀書籍內文，擷取重點放入心智圖

之後就可以把每一章節的內容開始細看，但是不要逐字閱讀，因為重點在於「快速找尋有用資訊」，更不是把整本書讀完。

因為讀完也不代表完全讀懂，所以讀完是不切實際的方法。

那有些人就會覺得遺漏重點怎麼辦？我覺得不用擔心，遺漏就再回頭補看重點就好，書不會跑掉，不用擔心遺漏，只要需要時我們找時間回來補齊就可以了。

“所以在做心智圖筆記的時候千萬不要有「完美心態」，而是要有我如何完成任務的「完成心態」。”

步驟五 拿閱讀心智圖，跟其他人分享

當整本書的重點都寫到心智圖之後，可以重新閱讀一次，問問自己：「這本書最重要的三個點是什麼？」然後把最重要的三個點都做重點圖示來強化印象，這樣就可以讓整張心智圖更有重點。

最後就是消化吸收與產出，最好把這張心智圖跟幾個朋友、同事、家人…來分享，可以將作者的思維逐步內化成自己的思維，這樣的學習效果會更好！

一本書，改善一個思考就好

當我們整理出書籍閱讀的重點了，然後呢？在這我想推薦一本書，那本書叫做《一讀一行：從魯蛇到人生贏家的自我充實法》，作者是柳根瑢先生，我鮮少推薦韓國書籍，但這本例外。主要是一個觀念想跟大家分享，那就是「閱讀完一本書，就從書中把一個學習重點直接實踐在自己的生命中」。

作者柳根瑢是韓國最大閱讀網站「Awesome People」創辦人，同時也是韓國最知名自我開發部落格「超人老師的自我開發故事」的負責人。年幼時期不幸遭遇父母離異與繼母虐待，青少年時期渾渾噩噩，到處滋事生非，連學校有「英文」這個科目都不知道。入伍後偶然看了一本書便從此深陷書中，變身年薪數百萬的英文講師與讀書專家。

就以影響我很深的一本書《與成功有約：高效能人士的七個習慣》為例，這本書也是超級暢銷著作，全球銷售超過千萬本。如果我採用《一讀一行：從魯蛇到人生贏家的自我充實法》所述方法，把我從《與成功有約：高效能人士的七個習慣》所讀到的一個重點概念，實踐在我的生活中，那會是如何呢？譬如說，我從《與成功有約：高效能人士的七個習慣》學到第一個習慣就是「主動積極」，而我希望實踐在我的生命當中。當主管在會議中詢問有沒有人想要承接尾牙主持時，我就會舉手，因為我要實踐「主動積極」這項功課！當我們努力完成新功課，不就也因此學習到新技能了嗎？我們也擴大了自己的舒適圈。

請你試想一下，如果一本書可以這樣做，那就讓自己少一個缺點，如果因此讀了兩百本書，那不就可以修正超過兩百個以上的缺點嗎？但人真的有如此多缺點好調整嗎？通常是沒有的，但我們可以透過實踐閱讀所學這樣的做法，來讓自己變得更好的人，這是肯定的！因為踐行就是檢驗真理的唯一方法。

3-2

如何用心智圖法快速整理上課筆記

整理上課筆記最關鍵在學會抓重點

我認識很多積極的人都很喜歡學習，因此在很多學習場合都會相遇，只是朋友也會經常問我一個問題：在聽演講的時候，如何可以快速摘錄演講重點？而不需要每一字一句都抄下來呢？這是很多人在寫筆記上的困擾。

我身邊很多人都很熱愛學習，也會寫筆記，但是回家還會重新整理筆記消化內容的人則不多，私底下請教有做到的都是頂尖高手，這些頂尖高手都默默地做，看到這種超級優秀又比自己努力紮實的人，真的很令人感到敬佩。只是這樣做筆記耗時費工，這些高手已經做到迅速完成筆記，請教之下發覺每個人心中都有自己最擅長的模式，都會找出自己最有效率整理的方式。

過往從大學我就很喜歡學習與聽演講，透過聽演講也累積了兩百多場的筆記，但是時常寫在空白紙背面或是其他書籍上，結果就是回家沒有整理，後來很多寶貴的筆記資料都遺失或有缺少，自己內心常常覺得非常可惜，在內心鞭打自己，怎麼會遺失呢！但就是遺失了，也只能轉念看開。後來就覺得不想要再重蹈覆徹，所以我就開始研究如何用心智圖法軟體來做筆記，到現在我也累積了大量的筆記資料庫。

我是怎麼做我的心智圖法筆記的？我們「以終為始」來看：

- **要能夠做成一張心智圖筆記，是不是代表之前已經把這篇文章、這堂課的重點看懂。**
- **而要把這篇文章重點看懂，是不是代表之前就要先挑出關鍵重點來。**
- **而要挑出關鍵重點來，是不是代表要先瀏覽過文章。**
- **而要瀏覽過文章找出重點，是不是代表需要知道如何找出關鍵重點的方法呢？**

所以「找出關鍵重點的方法」就很關鍵了！

如何聽到、看到內容，就能快速抓到重點

那到底哪些內容是關鍵重點呢？一時之間要想出來好像挺難的，明明知道自己知道，但卻難以一時半刻清楚。我們來舉一個例子，在台灣最多人學習的外語是英語，在英語中英文單字大多可以分成這四大類，分別為「名詞」、「動詞」、「形容詞」、「副詞」。那這分別代表什麼意思呢？我們現在來說文解字一番（以下解釋取

自維基百科）：

○**「名詞」**：

詞類的一種，也是實詞的一種，是指代人、物、事、時、地、情感、概念、方位的名詞等實體或抽象事物的詞。名詞可以獨立成句。在短語或句子中通常可以用代詞來替代。

○**「動詞」**：

詞類的一種，中文的動詞是用來表示動作、行為或事件發生之詞。動詞在各種的語言的語法中可能表示動作、發生或是存在的狀態。英語的動詞（verb）一字是用來指聲明或聲稱的詞，可以單獨或與不同的修飾詞、助詞一起，和主詞組成句子。

○**「形容詞」**：

詞類中的一類。其根本特點是自由地作定語、修飾名詞或名詞性短語。在語義上，形容詞多表示性質、狀態、屬性、描述等含意。

○**「副詞」**：

用以修飾動詞或加強描繪片語或整個句子的詞，又稱限制詞。

這四大類詞，基本上囊括了心智圖中會出現的關鍵重點！以下是我過往閱讀經驗，整理出來的關鍵字的訣竅。

抓出名詞類的重點

名詞的重點如下。

- **專有名詞：**

  像是我經常接觸的商業領域：Fintech、工業 4.0、平台、Uber、Airbnb 等，各個領域都有其專有名詞，剛開始接觸一定需要花費比較多時間，但建議都是要深入了解名詞定義，避免後面相關名詞比較時反而混淆，將會花更多的時間閱讀研習。其實有比較快的方式可以幫助我們累積背景知識，怎麼做呢？每看到專有名名詞時，我腦中都會浮現五個問題：

  1. 這是什麼？
  2. 為什麼會產生？
  3. 這有什麼用處？
  4. 這要如何運作呢？
  5. 這做得好會產生什麼效益？
  6. 這做不好會產生什麼衝擊？

這幾個問題看似簡單，基本上也包含了 Why、How、What 等最關鍵的議題，以及有什麼用處與衝擊等延伸性問題，回答完這幾個問題，大概就能了解大概七八成左右的內容。

- **人事時地物：**

  如果是閱讀歷史，人事時地物都是很重要的。

○ 計算單位：

單位出現一定要多多留意，舉例來說：大家以前小時候一定都有遇過這樣的經驗，小明身高 150 公分，小華身高 180 公分，請問小華比小明高幾公尺？很多人會寫 30 公分還是 0.3 公尺呢？（苦笑）所以如果有單位計價，請務必要多多留意單位換算！

○ 有比較意涵：

像是比大小或是比高低，都是要留意的部分。

抓出動詞類重點

我曾經聽前輩這樣分享過，我覺得很傳神！前輩說：「動詞就是你心裡所想的方向意圖。簡單來說，就是你心之所嚮！」這樣說聽起來很模糊，我舉兩個例子給你看就馬上秒懂！

如果今天你是人資主管，老闆在會議中提到「離職率」這個名詞，你覺得前面應該放上什麼動詞？是放上「提升」還是「降低」哪一個比較有機會解決離職率的問題？我相信大多讀者都會選擇「降低」。

如果今天你是人資主管，老闆在會議中提到「毛利率」這個名詞，你覺得前面應該放上什麼動詞？是放上「提升」還是「降低」哪一個比較有機會解決毛利率的問題？我相信大多讀者都會選擇「提升」。

就像女生最喜歡男生跟他說什麼話語呢？排名前幾名的有一個是「我愛你」，我們仔細看「我愛你」這幾個字，「我」跟「你」是名詞，「愛」在這是動詞，所以「名詞＋動詞」可以形成一個動作行為！基本上我們可以先把名詞、動詞抓出來，大部分的關鍵字詞重點都被我們抓出來不少了。

“我們用心智圖法整理吸收是要自己更有效率吸收，過程中的轉折詞跟關聯詞等不會影響我們了解內容的文字，都可以忽略不看，但是邏輯關係還是要能夠判斷為原則，並直指核心重點。”

製作上課筆記心智圖的步驟

那要怎麼抓上課筆記重點，我用一個案例示範拆解跟大家分享。

（下面文字出處：https://www.moneydj.com/kmdj/wiki/WikiViewer.aspx?KeyID=1e3c3541-d863-4c17-bdeb-f6db23f35eed）

監理沙盒（Regulatory Sandbox）：「沙盒是可以讓小孩盡情玩沙並發揮想像力的地方，金融監理沙盒即是在一個風險規模可控的環境下，針對金融相關業務、或遊走在法規模糊地帶的新創業者，在主管機關監理之下的一個實驗場所，讓業者盡情測試創新的產品、服務乃至於商業模式，並暫時享有法規的豁免與指導，並與監管者高度互動、密切協作，共同解決在測試過程中所發現或產生的監理與法制面議題。」

掃描 QR Code，看心智圖
實際操作影片

步驟一

先打開該篇閱讀教材，一章節一章節把閱讀教材的「名詞」、「動詞」、「形容詞」」、「副詞」一一畫重點，我這邊重點都用黑色粗體字標記。

金融監理沙盒 (Regulatory Sandbox)**：**「**沙盒**是可以讓**小孩盡情玩沙**並**發揮想像力**的地方，**金融監理沙盒**即是在一個**風險規模可控**的**環境**下，**針對金融相關業務**、或**遊走在法規模糊地帶**的**新創業者**，在**主管機關監理**之下的一個**實驗場所**，讓**業者盡情測試創新的產品**、**服務**乃至於**商業模式**，並**暫時享有法規的豁免**與**指導**，並與**監管者**高度**互動**、密切**協作**，**共同解決**在測試過程中所發現或產生的**監理與法制面議題**。」

步驟二

重新瀏覽一次黑色粗體字內容，確認是否有重點遺漏。

步驟三

打開心智圖法軟體 XMind，中心主題打上該閱讀教材的題目。

步驟四

依自己的理解，覺得該閱讀章節有幾段文字，就產生幾根主幹，然後歸納該段落文字取其核心關鍵字填上。

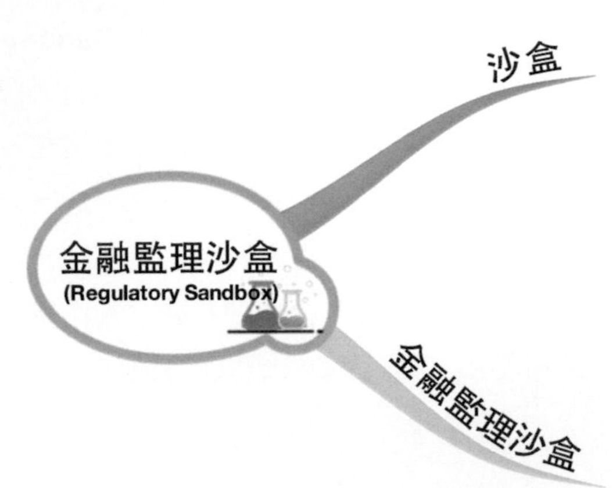

步驟五

把各章節的細部內容，一一補在該主幹之後。

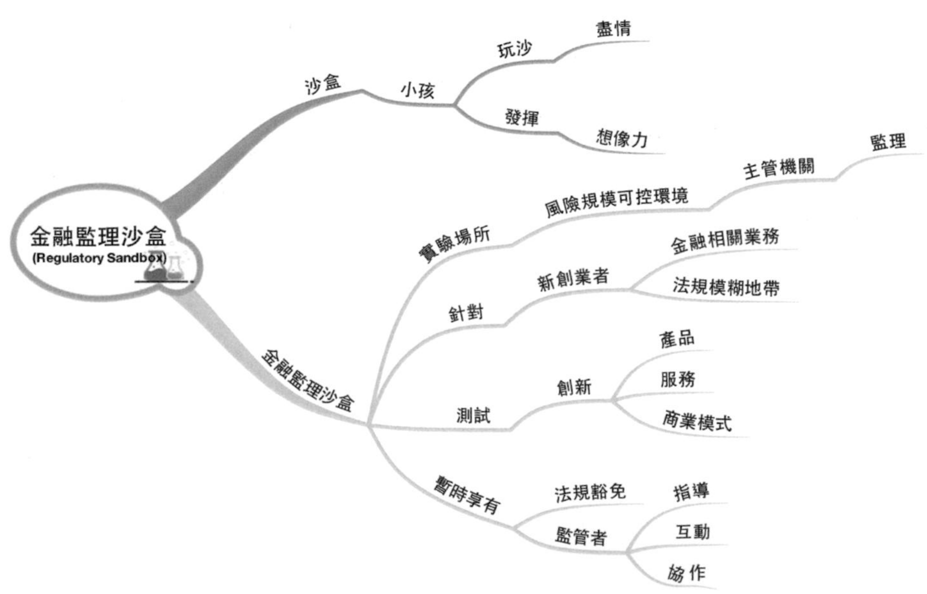

步驟六

重新閱讀一次整理重點。

步驟七

用自己的話說一次該章節內的重點，之後核對確認自己是否了解。

這樣子做就可以確保我們做的筆記是沒有缺漏的，之後就可以現場聆聽老師／主管的補充，然後補充進去心智圖筆記當中即可。

Note 趙老師小提醒

只是手寫經常會有遺失或找尋不到的可能性，覺得花這麼多時間製作筆記卻遺失，心裡面都覺得萬分可惜與心情低落！

後來，我就開始研究如何能讓筆記不遺失，我發現心智圖法軟體跟 Evernote 都可以很好解決我遇到的困擾，通常我會用心智圖先做學習筆記，這有一個好處是可以快速把內容繕打上去，當開始聽出演講者的脈絡的時候，我就可以自由把剛剛所打下來的關鍵內容做順序重新排列與重新分類的動作，只要幾分鐘的時間，基本上都能抓住演講者要表達的重點內容，這是我覺得很棒的一點。

在發散性的演講中如何抓出重點

像我自己很喜歡聽相聲，總是被其中的橋段逗得笑聲不斷，時間一下就過了。我就很好奇，相聲當中如何鋪陳橋段呢？就發現相聲之中很多「哏」！「哏」是什麼意思？哏是指滑稽有趣的意思，後來衍生成相聲術語，指相聲中的笑點。相聲術語中的包袱是指在前期的表演中埋下好笑的伏筆和進行鋪墊，最後點破笑點使人發笑稱之為「抖包袱」。我覺得相聲「哏」的概念也可以運用在聽演講當中！怎麼說呢？

我聆聽這麼多演講，發現好的演講者通常脈絡清楚，節奏明快，不時還在演講內容鋪很多「哏」，讓現場笑聲不斷，講者從容談笑風生，結束後所有聽眾報以熱烈掌聲圓滿結束。這樣的演講筆記很好做，因為通常這樣的演講者真的是佛心來的，在最後還會留幾分鐘的時間幫助大家複習今天所說的內容，所以很容易可以把筆記做得很完整，回去重新閱讀也便於回想，彷彿重現當時演講。

只是當遇到比較沒有結構或是開放性演講的講者，做筆記的挑戰就來了。常常非常快速書寫，結果被演講者的音調催眠，回家一看根本看不懂自己所寫的鬼畫符。有時候則是寫了半天，沒有寫到重點，就覺得自己是不是沒有天份而唉聲嘆氣。

此時，我就會用心智圖法來幫助自己。此外，還需要演講模板的輔助。什麼是演講模板？請大家回想一下，通常一場演講會有什麼樣的元素在裡面？有的人會說有主講者，有的會說有引言人……等，我歸納我過往聽演講的經驗，演講的結構可以分成六個段落：

主持人開場、介紹主講人、主講人破題、理論 / 概念說明、舉出範例、結論。

1. 主持人開場：

歡迎聽眾、與會嘉賓、主講人，現場環境介紹與相關提醒（手機禁音、洗手間位置等等）

2. 介紹主講人：

主持人會簡單扼要分享主講人的背景與豐功偉業，與這次演講的主題，之後熱情掌聲歡迎主講人出場。

3. 主講人破題：

為什麼有這主題？這主題對大家可能有什麼收穫？之後就切進去重點。

4. 理論 / 概念說明：

主講人會說明自己的觀察洞見，描繪出自己看到什麼。

5. 舉出範例：

透過案例故事，讓剛剛的理論 / 概念更加鮮活。

6. 結論：

主講者內容重點回顧，後續說明。

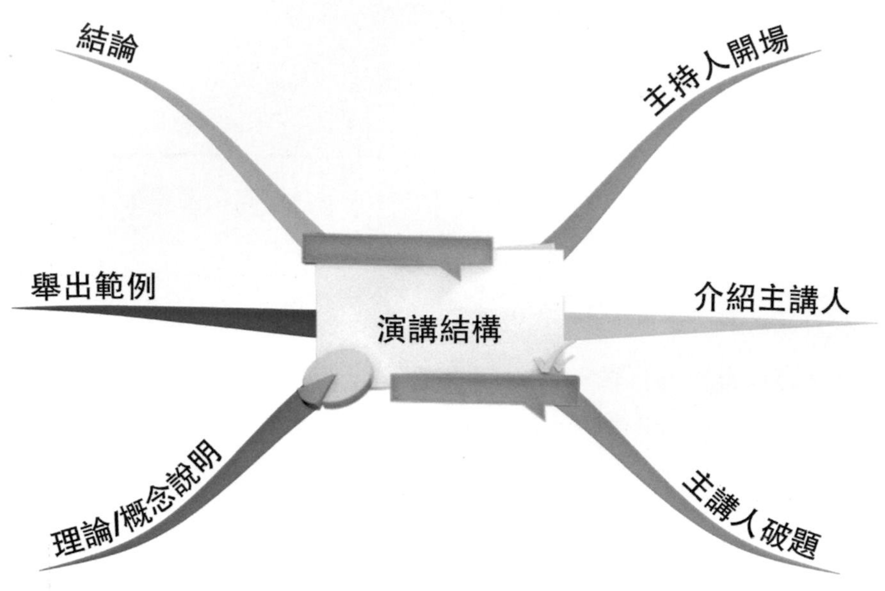

我通常都是用這個演講模板，就能夠突破 80 ～ 90% 的演講筆記。如果沒時間出去聽演講怎麼辦？其實現在資訊爆炸，隨便一找都是一堆學習資源，像我就常常聆聽 TED 的影片來做筆記，這是很棒的筆記鍛鍊素材，因為每一段 TED 影片大多 10 ～ 20 分鐘，內容精練有結構，重點清楚，最適合初學者來磨練自己的筆記功力。

當你做 30 ～ 50 篇之後，回頭看看自己第一篇筆記的影片，重新做一次筆記，這樣前後比較，就會很清楚發現自己閱讀與聽演講進步的差異，這個差異的巨大會讓你吃驚！提供給各位參考這個很實在的方法。

3-3

用心智圖法整理考試重點強化記憶

 我用心智圖法整理專業證照考試重點

職場人士為了專業與升遷，經常要準備大大小小考試，我當初會接觸心智圖法也是因為參加 PMP（Project Management Professional）國際專案管理師認證考試的關係，PMP 有一本考試手冊叫做《專案管理知識體系指南》(PMBOK® Guide, A Guide to the Project Management Body of Knowledge)，考試範圍大體上會從這本教材當中出來，然後會出現很多實際案例題目，考驗考生是否如實了解，因為要在四小時之內答題兩百題，對考生來說也是腦力與體力負擔的極大考驗。

當初準備 PMP 國際專案管理師認證考試是高啟益老師跟我分享心智圖法，我驚為天人，覺得如果我可以學會用來考試，應該考試效果會事半功倍！

透過高啟益老師簡單帶領入門後，我也自行實際操作，開始下載心智圖法軟體 XMind，然後就土法煉鋼一章一章地閱讀 PMBOK 的內容，一章節一章節畫重點，之後把重點一一打進去 XMind 軟體當中，我記得前後讀書加上做心智圖筆記大概花費我近八十個小時，雖然花費時間稍多，但我覺得達到意想不到的功效，透過自己逐字逐句繕打重點，居然也讓我更加熟練 PMBOK 的內容，也讓我非常迅速準備考試並高分通過，後來我到美國也教會幾個外國同學考過 PMP，也埋下我日後開始教授心智圖法的種子。

> **心智圖法除了能夠整理重點外，**
> **還可以在自己記不起來的區塊透過圖像**
> **來做重點記憶強化。**

所以只要我看到我自己的心智圖當中有圖像，我就知道一定是自己很容易忘記的內容，我就會在複習時特別留意，加深印象。

而心智圖法也可以強化記憶，我們都可以透過心智圖法來截取重點，透過圖像來增強記憶效果，就我的教學經驗，令人印象深刻的程度：「實物 > 圖像 > 文字」。如果有實物可以親自使用操作，一定是最讓人印象深刻的，多重感官都用上，而且因為自己實際參與過，那樣的印象最難忘。

只是很多考試都是紙筆考試，而非術科考試。那就僅剩下圖像跟文字可以選擇，但有很多人覺得要畫圖曠日費時，而且自己又並不擅長畫畫，就會心裡面覺得這難度很高，當我們自覺難度很高的時候，其實內心就產生強烈抗拒，那份強烈抗拒就會阻礙我們前進，久而久之就會直接放棄了！

但其實畫心智圖法真的不用很會畫圖，圖像真的只是輔助，文字所傳達的訊息更為關鍵，所以比較好的心智圖做法是「文字為主、圖像為輔」！但簡單有效的圖像，對於記憶則是很有幫助的。

如何用心智圖法的圖像，記住教科書考試重點

接下來我舉一個例子，還記得快十年前，我雙胞胎姪子姪女唸國一時，有一篇課文叫做 < 五柳先生傳 >，作者是陶淵明。有沒有覺得這個名字好熟悉、似曾相似，然後心裡想陶淵明是何許人物？陶淵明（約 365 年—427 年），字元亮，（又一說名潛，字淵明）號五柳先生，私諡“靖節”，東晉末期南朝宋初期詩人、文學家、辭賦家、散文家。漢族，東晉潯陽柴桑人（今江西九江）。曾做過幾年小官，後辭官回家，從此隱居，田園生活是陶淵明詩的主要題材，相關作品有《飲酒》、《歸園田居》、《桃花源記》、《五柳先生傳》、《歸去來兮辭》等。

在我讀中學時也曾讀過這篇文章，我記得那時國文老師都要考默寫，錯一個字扣一分，當時花了很多時間背誦記憶，我相信各位可能也有類似的經驗。只是我想問大家的是，不知道大家還記得 < 五柳先生傳 > 的內容嗎？很多人被我問到這經常會突然愣住，然後就像搖滾天團五月天所寫的歌曲 < 突然好想你 > 中的歌詞一樣，最怕空

氣突然安靜。好像沒有背誦出來自己都略顯尷尬！以下我把 < 五柳先生傳 > 的全文找出來，如下所示：

「先生不知何許人也，亦不詳其姓字。宅邊有五柳樹，因以為號焉。

閑靜少言，不慕榮利。好讀書，不求甚解，每有會意，便欣然忘食。性嗜酒，家貧，不能常得。親舊知其如此，或置酒而招之。造飲輒盡，期在必醉，既醉而退，曾不吝情去留。環堵蕭然，不蔽風日；短褐穿結，簞瓢屢空。——晏如也。常著文章自娛，頗示己志。忘懷得失，以此自終。

贊曰：黔婁之妻有言：「不戚戚於貧賤，不汲汲於富貴。」極其言，茲若人儔乎？酣觴賦詩，以樂其志。無懷氏之民歟！葛天氏之民歟！」

為何要講到這篇文章呢？因為那是發生在我姪子姪女身上的案例，那時候我已與姪子姪女約好週六要去看電影，到大表姐家時，大表姐說姪女甜甜週一要考 < 五柳先生傳 > 默寫，但是背了兩天一直都會漏寫，是不是要多花點時間唸書呢？我聽到後，還是跟大表姐分享：「如果背了兩天還背不起來，休息一下也挺好的。等等我跟甜甜會去搭捷運，聊聊看她是哪裡背不起來。」大表姐欣然同意讓我們一同出去看電影。

走往捷運站過程，甜甜跟我提到，其實，她不太知道怎麼把整篇背熟，後來我就跟甜甜打賭，搭捷運過程 40 分鐘路途，舅舅就會讓你背起來，如果你沒有背起來，請我喝飲料。如果你有背起來，我請妳跟小禹（姪子小名）看電影跟吃爆米花。

甜甜開心接受了這個挑戰，就開始非常專心背五柳先生傳，剛開始先生不知何許人也，亦不詳其姓字。宅邊有五柳樹……都很順，但是到了中間一句話一直會卡住，時常會忘記，那句話叫做：「每有會意，便欣然忘食。」我問說：「你知道這句話是什麼意思嗎？」甜甜點頭表示知道。

我說：「那你常常漏掉可能不知道怎麼與自己連結在一起，那舅舅來幫你加強記憶。甜甜你現在腦袋浮現出什麼動物？」

甜甜：「猴子。」

我說：「猴子，很好喔。那你就這樣記：每有會意，便欣然忘食吧。當你突然發現弟弟是一隻猴子，你開心到忘了吃飯。」這樣你就容易聯想起來內文了，這時弟弟在旁邊一直抗議，姐姐笑到東倒西歪。

後來這樣一聯想後，整篇五柳先生傳非常順利在 40 分鐘的車程當中背到滾瓜爛熟，週一默寫考試也得到高分，當然當天我們三個也有很開心的電影時光跟爆米花時間。

“

心智圖法中的圖像記憶，

真的可以讓念書變得有趣也加深記憶。

”

用一頁心智圖，整理兩百多頁重點

有些考試僅一本參考書，沒有老師教導，需要靠自學研讀，大部分考試題目都在其中，這時候就很適合用心智圖，像各位現在看到的這張心智圖，是一本著作《這樣記不會忘》，本書作者是兒玉光雄先生，1947 年生，京都大學工學院畢業。現擔任鹿屋體育大學教授，專攻臨床運動心理學與體育方法學。

《這樣記不會忘》整本共有 209 頁，有七個章節（序章＋六章），我就用心智圖把重點整理出來，變成一頁內容，這樣資訊量濃縮兩百倍！霹靂布袋戲有一個萬年主角叫做「一頁書」，我把這兩百多頁的內容濃縮成一頁，也可以稱之為「心智圖一頁書」！

在下圖當中你會發現我在幾個區塊都有使用圖像輔助，因為我發現那幾個區塊都是我最記不起來內容，我就透過圖像的方式來幫助我做記憶強化，讓我回想時可以透過圖像聯想到關鍵文字，進而完成任務。所以圖像真的是一個非常強大的記憶輔助工具！歡迎大家多加使用。

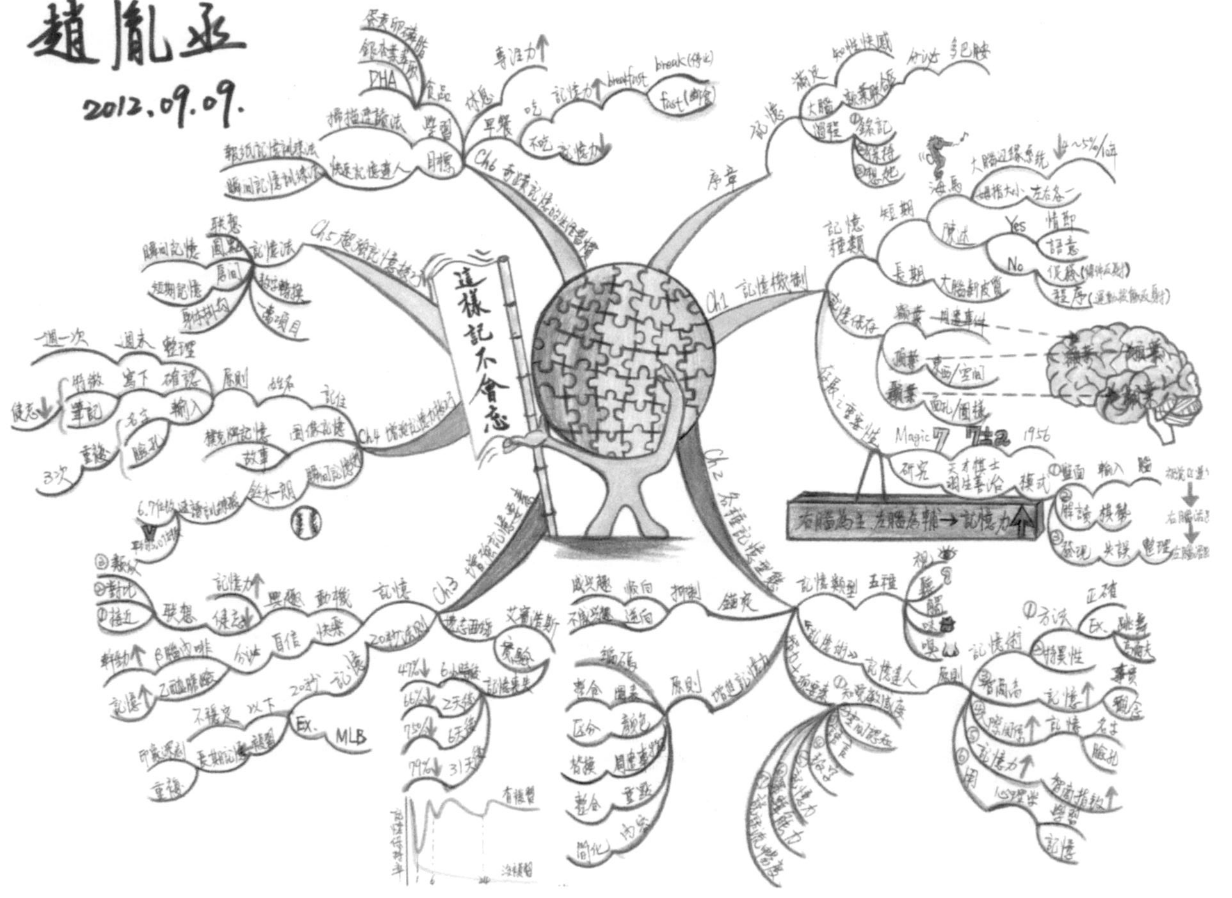
趙胤丞
2012.09.09.
這樣記不會忘
序章
Ch1 記憶機制
Ch2 各種記憶型態
Ch3 增強記憶
Ch4 增強記憶力技巧
Ch5 超強記憶技巧
Ch6 奇蹟記憶的生活習慣
右腦為主 左腦為輔→記憶力
Magic 7
1956
MLB

記住對自己有用的重點最重要

"

最後，要提醒大家的是，用心智圖法要做的是整理重點、整理自己最容易遺忘的重點，而非真的把所有內容都畫在心智圖上。

"

每個人畫出的心智圖都會不一樣，不用把心智圖畫得很難，因為我覺得能夠把很複雜的事用相對簡單的方式説清楚是一種很棒的技術，而且這樣的詮釋往往是通過考試的作者心領神會，自己的心智圖筆記其實比他人所撰寫的參考書更有可讀性，因為讀得下去，也就比較不會中途放棄。

我舉一個例子，《別鬧了！費曼先生》這位諾貝爾獎得主費曼先生的故事，在西元 1986 年 1 月 28 日，「挑戰者號」太空梭在寒冷冬天由佛羅里達州發射，電視台全程直播，大家都希望太空梭能夠順利升空。但天不從人願，「挑戰者號」太空梭在發射之後僅僅只飛行 74 秒鐘，隨即在高空中爆炸，機艙瞬間全部解體，太空艙中的七名太空人全數罹難。在電視實況轉播下，數百萬的觀眾同時目睹了這場人間悲劇。

爆炸事件發生之後，美國太空總署成立一個調查小組，邀請費曼參與調查事故原因。調查委員會鉅細靡遺的蒐集所有數據紀錄及拍攝資料等，最後完成一份長達數千頁的報告。報告雖然頁數極多，但其中就是沒有提到太空梭失事的主因。費曼先生耐心聽完委員會冗長又不知所云的官樣文章報告後，終於按捺不住，就決定根據自己的調查結果及科學判斷，在公聽會眾目睽睽之下，進行一個簡單又易懂的實驗。

他向大會要了一杯冰水，並拿起一個橡皮圈，面對所有的觀眾及只會唸報告的官員說：「我要冰一下這個橡皮圈。」他就將橡皮圈丟進了冰水中。沒有人知道他想做什麼。過了一會兒，他將橡皮圈夾了出來，橡皮圈已經完全硬化。他說：「這個因低溫而失去彈性的橡皮圈，就是整個失事事件的主要關鍵。」全場觀眾一陣嘩然之後，接著爆出熱烈的掌聲。費曼先生以智慧和簡單的冰水實驗，幫全世界找到了事件的真兇。

原來太空梭中的一個 O 型橡皮墊圈，因升空時溫度過低而嚴重硬化，造成機內的推進劑密封性不足，因此高溫燃氣直接燒穿液態氫氣儲存槽外殼，點燃氫氣後，造成連環性爆炸。一個因低溫而硬化的橡皮墊圈毀了一艘太空梭，還奪走七條寶貴的生命。

所以如果能夠用簡單的方式讓大家瞬間秒懂，這樣就能夠幫助自己理解並記憶重點內容，其實更能有效提升自己準備考試的通過率與題目答對率。

3-4

用心智圖法整理報告資料

報告最重要的是懂得抓出重點

不管是在職場或是在學校，經常都會需要彙整資料並上台報告，但報告好壞往往影響甚鉅，好報告讓你吃香喝辣，壞報告讓你默默心傷，不得不謹慎。若我們能夠在關鍵重點的內容搭配行雲流水的節奏，聽眾一定會認為聽到這樣的報告是種享受。無關重點的內容加上遲疑不前的節奏，聽到這樣的報告是找罪受。在撇除報告者的口條之外，其實報告在會議前的設計已經決定了勝負，報告內容的設計鋪陳才是關鍵！

那要怎麼做才能把報告重點順序設計好呢？我們必須先能夠通盤了解報告目的及報告所需資料，之後才能有效梳理，所以一切的核心觀念都在於如何有效整理報告內容！每份報告往往都是要讀更多的內容才能將精華濃縮，所耗費的時間是非常巨大的，那要如何有效率地找出合適重點呢？心智圖法是一個非常好用的工具！

像我就曾經有非常慘烈的經驗，曾經我在集團任職時，有位主管希望我協助彙整報告資料，我後來多日熬夜加班完成，最後彙整出一份兩百多頁內容、含金量非常高的簡報，然後花了幾個小時把這份報告完整跟主管說明，主管聽完之後拍拍手說：「這份報告做的很棒！辛苦你了！那就是ＯＯＯ、ＰＰＰ、ＸＸＸ...這十幾頁留下來就好，剩下的兩百多張投影片請刪除！」

我聽完當下瞬間愣住，因為太過訝異該長官僅要原先投影片的十分之一不到，停頓一秒回神硬是擠出幾個字來回應！

離開辦公室後，那我內心就冒出一句話：「要是我『早知道』主管這樣做，我就不要花時間做這麼多投影片了！反正也用不到！」然後就會覺得自己花這麼多時間都浪費了。我就思索著下次如何不要如此浪費時間，後來我思索出一個方式來協助我，那就是善用心智圖法！

如何利用心智圖法拆解報告

我過往發現一個有趣的現象，那就是主管很常這樣說：「ＯＯ，請你幫我做一下這件事，這件事不急，兩個禮拜後讓我知道就好。....」然後這件事情就會落到ＯＯ的肩頭上，不知道這樣的情景是否曾發生在你的身上呢？

首先要跟大家說的就是，千萬不要天真地相信主管說「這件事不急」的客套話，主管多加這句話只是希望你承接案子的時候不會過度抗拒，但當你承接下來之後，主管會覺得這個案子就是你的了！

我們要先知道一件事，那就是主管通常會有這樣的傾向，那就是交辦任務之後，當主管給你的時間越長，通常期望也會越高，為什麼呢？因為主管會「認為」這段時間你已經做了很多功課、搜集很多資料，那時候報告一定會有很不錯的品質與成果推薦，主要是因為主管會用自己的角度跟步驟去推算這樣的時間是否合理，如果沒有符合主管預期，通常會在主管內心對該同仁貼上標籤，覺得能力需加強，可能因此葬送這位同仁未來在公司發展的可能性。

但其實主管沒考量到的是交付工作的難易程度等變數，然而世界就是不完美的，不是嗎？我後來就是用心智圖法來克服這件事。那要怎麼做呢？以下是我的操作步驟。

掃描 QR Code，看心智圖實際操作影片

步驟一 寫出主題

先拿出一張空白紙來，在中心主題寫下這次的題目。

步驟二 快速發想這主題我現在所想到的內容

人的思考是有慣性的，建議可以先把大腦想到的內容寫下來，因為只有倒空自己的大腦之後，才會有空間去學習新的事物，只憑大腦空想是很耗費時間的，寫下來反而容易讓人專心思考。剛發想的內容順序邏輯都需要重新調整分類，這時候分類就變得很關鍵，就可以把與這關鍵字詞「相關的內容」梳理。

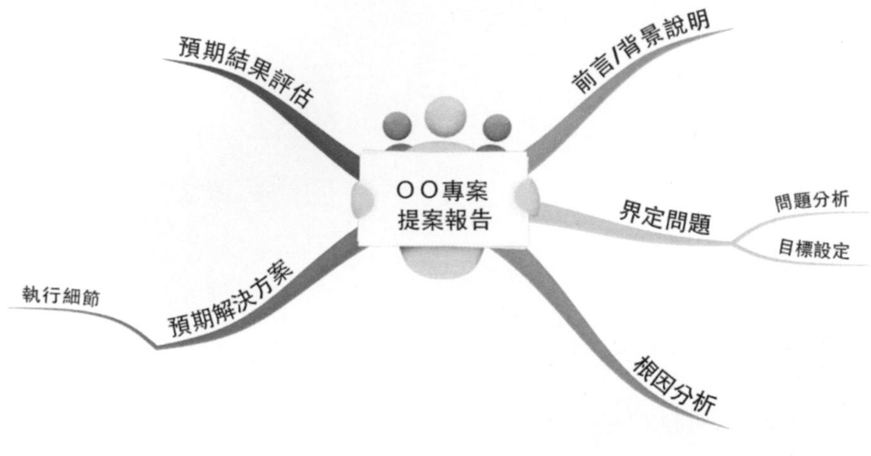

步驟三　找相關補充資料

我都認為自己懂的不多，但搜尋能力還不錯，透過搜尋資料可以看到自己還不知道或者是忽略的內容，我會怎麼搜尋呢？通常是用以下這招式：「關鍵字詞」＋「空格」＋「.ppt、.pdf、.doc」，然後把搜尋資料前三頁的內容檔案都抓下來，之後一個一個閱讀，並把相關資料補充進去心智圖當中，就會發現資料已經具備非常完整的雛形了！

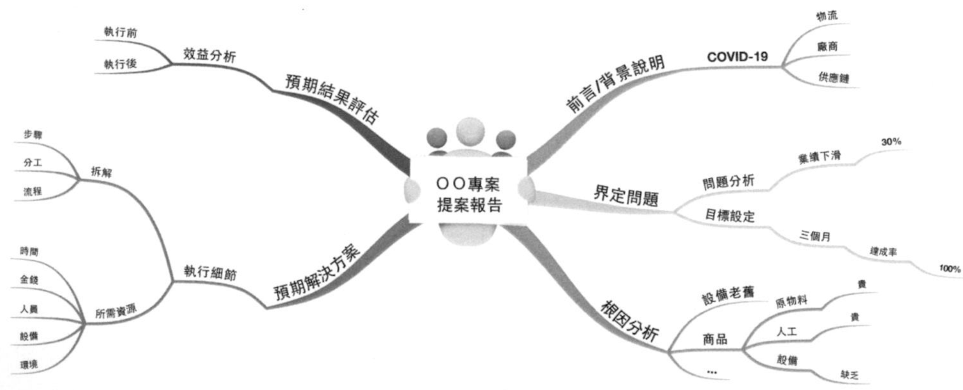

步驟四　進行沙盤推演

沙盤推演不是為了要完整準備，而是要確定主管問的內容是否都有考量到，像是目標跟結果，思考解決方案／對策的衝擊漣漪，以下是我過去做沙盤推演時預想主管可能會問的問題：

- **若要確認解決方案／對策有效，需要什麼證據／環境？**
- **若要解決方案／對策有效，我又該怎麼做？**
- **我清楚客戶／老闆的個性？**
- **若要說服老闆接受方案／對策並採取行動，需要聽到什麼？**
- **哪些內容是地雷？要怎麼講比較好？**
- **我對解決方案／對策的預期結果是？**
- **老闆同意（不同意）解決方案／對策後，需要做哪些後續工作？**
- **若要ＯＯ單位配合，要如何說服他們？**

步驟五　直接拿這張心智圖花五分鐘跟老闆報告，並把老闆回饋寫下來

因為我們前面說老闆對這件事情的期望會隨時間愈來越高，那我會建議當老闆交辦事件的當天或隔天，我就會完成，然後跟老闆請教是否有五分鐘的時間，真的時間不要多，五分鐘就好，因為通常老闆時間很忙碌，很多會議要參加，但五分鐘時間還是可以擠出來，你就要快速梳理報告目前得到的內容，老闆通常會很

驚喜才一天而已你就有這樣的進度，都會很樂意跟你說哪些方向可以哪些方向不適合。

步驟六　加入老闆回饋重新梳理內容，之後再去做簡報

我由衷覺得老闆願意說他期待的方向，對我們來說真是求之不得，因為越清楚的需求，越容易聚焦，真的是太棒的一件事，就可以直接避免做了一堆簡報沒有用，節省我們的寶貴時間！

3-5

用心智圖法提升寫作效率

現代人要接收很多資訊，並且彙整出重點，這樣篩選資訊並摘要的能力，已經成為現代人存活的必備技能！只是依然有很多人苦惱抓不到重點、或是下筆時毫無頭緒。比如，常常會有醫學領域背景的同仁來問我：「老師請問我該如何高效整理全新主題領域的寫文章大綱呢？」

這時候我就會大力推薦心智圖法給他。以下是我將拙作《拆解考試的技術》舉例來跟大家說明我如何用心智圖拆解梳理文章大綱。

步驟一　先確認自己初心

寫文章是為了幫助他人，而不是顯耀自己！

當初我在寫這本書《拆解考試的技術》時，也知道職場人士需要考試的人數沒那麼多，但因為考試沒過而被卡住人生的人，我倒是遇過不少。過程中總是覺得很可惜，內心想著如果能用對學習方法＋考試技巧，或許他／她的人生也可以稍微加速而不會被卡關吧。我就是抱持這樣的初心開始展開！我後來發現真心誠意希望對方好的發心，別人會從文章中讀出來用心！

步驟二　我到底可以寫什麼內容？可以對大家有何幫助？

我覺得那這本書要幫助大家，那我該寫些什麼才好呢？我就先梳理我自己的背景：

- **私立衛道中學畢業**
- **國高中補習通**
- **台大心理系畢業**
- **美國霍特國際商學院 MBA 畢業**
- **多張國際證照**
- **用心智圖考過國際專案管理師 PMP 證照**
- **一年讀 300 本書**
- **....**

其實早在 2009 年我就有想要把《拆解考試的技術》出版的意圖，想說那時使用心智圖法非常高分通過 PMP 考試，大概準備時間僅有一般人的 1/3 左右，出版應該可以有助於許多人準備考試，然而當初出版社聊完後石沈大海，覺得一年僅有一千人考過，這樣的市場比例過低而作罷，所以從那時我就明白出書這件事，也是需要有強勁需求跟尋找讀者痛點，很多讀者是希望透過閱讀來解決自身的問題。所以基於這樣的想法，我就思考當我準備考試時，我會準備哪些事情，就用心智圖法的結構快速列出來。

步驟三 用心智圖發想寫作重點

像我就會思考「課前預習、上課專心、課後複習」這是對的嗎？我從小也這樣做，為什麼功課就是沒有隔壁夥伴好，是我沒有讀書天份嗎？好像也不是，畢竟也曾考過前面名次，那為什麼會淪落至此呢？通常都會糾結在自己身上，那份焦慮依然存在。後來我到美國念研究所時，才完全搞懂課前預習該做的事情，才有系統地了解如何學習！怎麼說呢？這要從課堂中評分方式來看，我記得我們的評分方式很特別，課程參與佔了 50% 的分數！對的，你沒看錯！課程參與就是佔 50% 的分數！大部分課程都是哈佛個案，沒有讀書搞清楚個案在談些什麼，上課真的只能「鴨聽雷」，一臉茫然！為了達成這樣的改變，我只能重新調整自己的讀書方式，要確實做好預習動作。那預習動作有哪些呢？我一一拆解給各位看：

- **閱讀文章畫重點**
- **重新閱讀重點一次，看看是否有重點遺漏**
- **確認沒有遺漏之後，就用心智圖法做筆記，之後閱讀一次筆記**
- **然後用自己的話精簡扼要地整理歸納筆記內容**
- **把自己自己理解內容與論文內容相互對照**

我那時發現要用這樣的方式讀書才會達到預習效果，剛開始一定很慢，但是因為刻意練習就可以逐漸以飛快速度完成，絕對不是只是過往我們在中學所做的「隨意翻翻」就當作預習，現在我來看，就只是一個欺騙老師、欺騙自己的假動作罷了，對於學習沒有太大用處！

然後上課要如何專心聽？下課後要怎麼複習？我就以自己在台大認識多位學習高手的讀書方法，如何在期中考、期末考時可以讀七次的方式，直接把艾賓浩斯遺忘曲線與腦科學整合進去書當中，說明這樣的唸法有其根據，我就都把這些內容整理進去該書的大綱當中，成為書中的亮點之一。

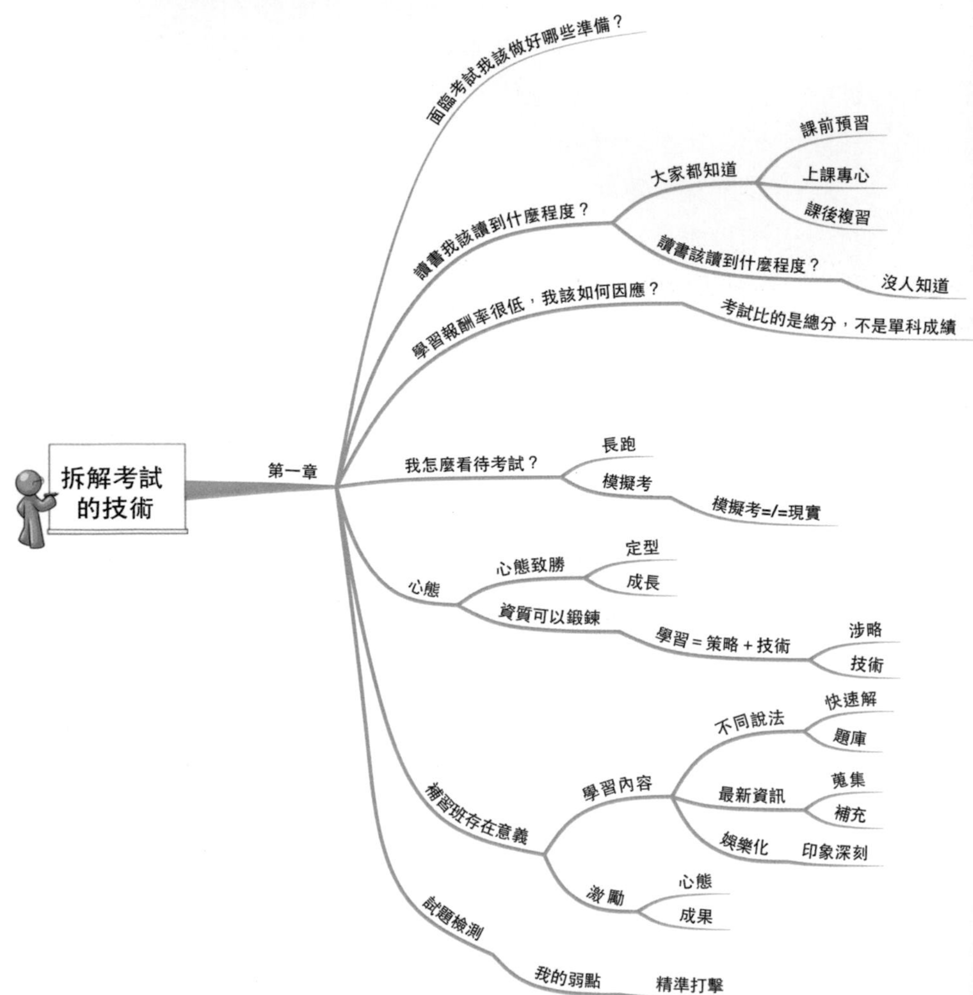

當我把自己的觀點都大概寫出來之後，我就開始重新整理分類心智圖大綱了，當我花一些時間重新整理後，我就大概知道這就是我「目前」所知的讀書方法，我從不覺得自己的觀點就是最好的，只是希望這本書有觸及其他類似學習書籍比較少觸及的環節，並且針對目前職場人士與學子設計出相對合適的學習策略，那這本書就很有價值了！

當我寫出這些關鍵字時，我很清楚這些關鍵字是我本來就知道的意思了，但是讀者並不一定知道，那我要做的就是如何把這些我知道的內容，透過清楚易懂的方式寫成書，進而讓讀者閱讀時能夠快速吸收。那要怎麼讓讀者容易懂，就要透過實際案例跟步驟拆解，就可以讓讀者比較容易透過案例來體驗，這就是我寫書內容時思考的大方向。

步驟四　找出大家的痛點是什麼？

很多人的學習痛點都是「記不住」，覺得自己記不住一定就是自己學習天賦差，所以沒學會都是自己的問題。但真實情況真的是如此嗎？我並不如此認為。為了能夠依照「對讀者有益」這樣的角度切入內容，我就會把過去「習以為常」的內容重新辯證，真的是如此嗎？有沒有其他的可能性？

舉個例子，過去我們讀書學習總會聽到老師們不斷重複地說「課前預習、上課專心、課後複習」，我們也如此做了，但是卻還是成績沒有別人好，那到底是要做到什麼程度才叫做紮實呢？

這個問題的答案學生不知道、老師也不知道，我也有一個模糊概念，那我就思考如何把模糊的知識前端變成具體可操作，結合大腦科學的角度，因而這樣發展出「黃金學習頻率」。最後總歸一句話，我們所做的一切（預習／筆記／複習）都是為了克服或降低遺忘曲線所發揮的效果！

3-6

心智圖法與曼陀羅法哪一個好用？

「老師，請問心智圖法跟曼陀羅法哪一個好用？」經常會有學員來問類似的問題，我就會先反過來問他／她：「你覺得哪一個好用？為什麼？」等到學員回覆之後，我才會給予補充，不然只是來「測試」我對於這兩者差異理解程度，並無法對學員有所幫助。

而且既然這方法論會留傳下來，就表示一定有其優點。況且，一種表格都有人使用，也因為使用習慣不同，而有不同的使用偏好：

> **我覺得並沒有好用不好用的差異，只是在於這兩個面向：「對我自己是否夠用？」或是「我是否習慣操作？」。**

心智圖法的發想應用

先來談談心智圖法，若一般不是用在發想課程時，我通常會依照我個人使用習慣，我還是喜歡用順時鐘方式勝過逆時鐘方式，為什麼呢？這有兩個原因：

1. 第一個原因是節省時間，怎麼說呢？我時常練習繪製心智圖，基本上寫下去的內容大多不用再調整，需要調整的內容也是少部分，大幅度節省我寶貴的時間，讓我可以同樣時間做很多事情。

2. 第二個原因是我發現個人書寫習慣通常會從一點鐘方向開始寫，最後內容結束在十二點鐘方向，這是我個人的慣性思考。我覺得這樣思考對我來說有一種類似鍛鍊功夫的起手勢，一開始之後，大腦就開始解放，無限奔騰。而且順時鐘填寫，可以讓我自己的大腦思考狀態進入構思的心流當中，有時候覺得自己只是一個載具，把意識流的內容透過我的手書寫出來，聽起來很玄，但當體會到之後就會明白那樣感受。

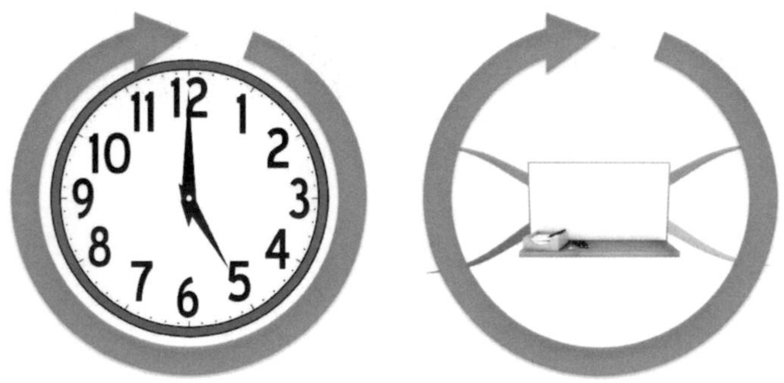

而且用電腦做心智圖其實很方便，像是要規劃課程，我都是拉出一個空白的心智圖模板，把課程主題打上去之後，我就開始做腦力激盪，把我大腦中想像到的內容都先打出來，並沒有在意目前是否合乎邏輯，就是先把大腦的所有內容都清空出來就對了，我通常都會打 30 ～ 50 個關鍵字詞，當我真的絞盡腦汁都打不出來的時候，我就會重新瀏覽一下，並看哪些內容是比較相關的，就整合在一起！

之後就可以去閱讀其他專家的內容，並做出相對應更全面的產出。而且因為心智圖法主幹支幹要幾根有幾根，就不會被數量所侷限，雖然說心智圖法也曾談到群組分類的議題，但在發想上一開始沒有侷限，反而讓我在書寫更靈活，也更沒有心理上的負擔壓力。如果你跟我一樣會被數量所侷限，那我會建議你多多嘗試使用心智圖法！

曼陀羅思考的應用

接下來要談曼陀羅思考法，曼陀羅思考法據考察是由日本今泉浩晃博士所發表他從日本空海大師學習到的，根據九宮格矩陣為基礎，在中間撰寫主題，寫完之後，依照周圍八個方格寫進去，8X8 輻射發散方式快速填入產生想法。後來松村寧雄先生將其發揚光大，並出版《曼陀羅九宮格思考術：達成目標成功圓夢》等著作，在日本掀起曼陀羅法使用風潮。

曼陀羅法通常會有兩種書寫方式：

1. 向四面擴散的放射方式

2. 逐步思考的順／逆時鐘方式

曼陀羅思考法最近最有名的案例就是日本知名棒球選手大谷翔平，很多人看到他的數據都會覺得怎麼會如此天才，不僅能投出球速 160km／h 的球，同時打擊能力也很優異，被譽為「完美選手」。他高中一畢業就獲得日本職棒八大球團第一指名的驚人紀錄。很多人就很好奇大谷翔平如何養成，教練講了很有智慧的話：「我本身不是偉大的選手，也不知道把球投成球速 160 km/h 的方法。但是，我可以告訴你的是大谷翔平為了實現目標，他是如何思考及建立計劃的。」

以下就是媒體把大谷翔平平常鍛鍊方式流傳出來的訓練計畫表，他運用這極為縝密的「曼陀羅思考法」來做的訓練計畫表，透過長時間的鍛鍊，逐漸把目標變為現實。大谷翔平先在中間的九宮格的中心點寫上想要達成的目標，那就是「八球團第一指名」，之後外圍八個空格就是大項目，也就是達成目標的必要項目，分別是「球質」、「球速 160km／h」、「變化球」、「運氣」、「人性」、「心理」、「體格」、「控球」。之後再把這八個大項目移動到圍繞在外的其他外圍八個九宮格的中心填上文字，之後把要達成這八個大項目的具體行動填寫到外圍的八個空格當中，就出現了以下這張表格。

身體保養	喝營養補充食品	頸前深蹲90 公斤	改善內踏步	強化核心肌群	軸心不晃動	做出角度	從上面把球敲下去	加強手腕
柔軟性	**體魄**	傳統深蹲130 公斤	放球點穩定	**控球**	消除不安	放鬆	**球質**	下半身主導
體力	關節活動範圍	吃飯早三碗晚七碗	下盤強化	身體不要開掉	控制自己心理	球在前面釋放	提升球轉數	關節活動範圍
清晰不曖昧	不要一喜一憂	冷靜頭腦熾熱內心	**體魄**	**控球**	**球質**	以軸心來旋轉	下盤強化	增重
危機中要堅強	**心理**	不破壞氣氛	**心理**	**八球團指名一**	**球速160km/h**	強化核心肌群	**球速160km/h**	強化肩膀肌肉
不造成紛爭	對勝利執著	同伴同理心	**人性**	**運氣**	**變化球**	關節活動範圍	平飛傳接球	增加用球數
感性	被愛的人	計畫性	打招呼	撿垃圾	打掃房間	增加好球數的球	完成指叉球	滑球品質
愛心	**人性**	感謝	珍惜使用球具	**運氣**	對主審的態度	慢速有落差的曲球	**體魄**	對左打者的決勝球
禮儀	值得信賴的人	堅持	正面思考	成為被支持的人	讀書	跟直球同樣姿勢投球	讓球從好球帶跑到壞球帶的控球能力	以深度作為想像

這部分跟心智圖法很像，唯一的不同在於曼陀羅法最多寫到八個，超出這個數量就要寫到下一個九宮格去，這樣的限制讓我下筆有時候會比較猶豫，會在心裡面做了一些取捨，其實有時候捨棄的想法當中，也是會有寶藏在其中。

“

所以我還是偏好使用心智圖法，
因為數量不受限制，可以不斷自在發想，
若太多分類，還可以迅速收斂整理。

”

這是數量上以及靈活應用上的差異。不過曼陀羅法很適合用在收斂上，並確保每一個項目都是平衡的份量，這一點是曼陀羅法很棒的優點！

而我自己也深受松村寧雄先生的大作《曼陀羅九宮格思考術：達成目標成功圓夢》啟發，松村先生認為我們的人生不是只有功名利祿，他訂出八大領域（分別是：健康、工作、財務、家庭、社會、人格、學習、休閒）來平衡人生，若過度聚焦在某個領域，可能之後會在其他領域出現反彈，像是太過熱衷於工作，可能因此忽略和家人相處時間，與家人關係就變得疏遠。所以我覺得曼陀羅思考法當中具有特別強調平衡的設定在其中，如果你曾覺得人生失衡的話，可以嘗試看看利用人生百年計畫來規劃自己的人生。

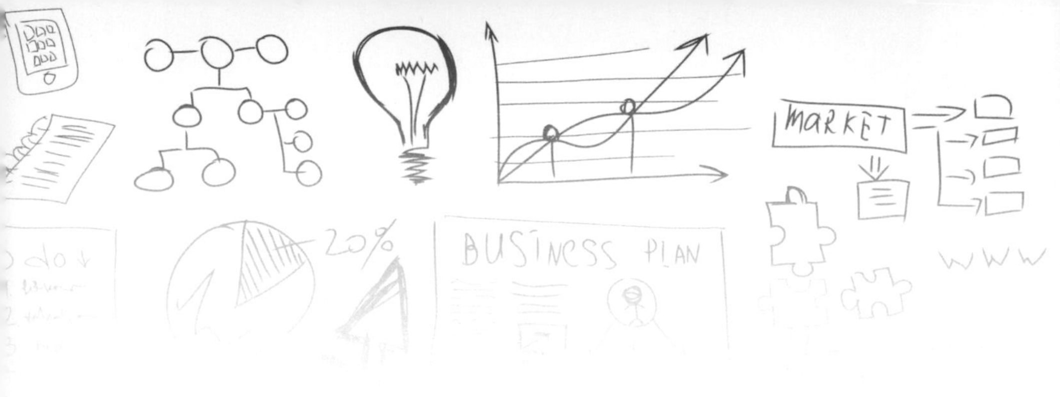

Part 4

心智圖法的夢想人生規劃術

4-1

如何用心智圖法畫出實踐夢想的道路

當目標模糊不確定時，我們當然無法大步前進，因為心中會想著這樣做是否正確，當猶豫的時候，就很難全力以赴，因為心中會擔心要留有餘力做後續調整，因此只有將目標具象化與步驟化，才是夢想實踐最佳的方式。

“心智圖法能夠用來規劃夢想版圖，就在於它可以快速幫我們畫出目標的具體面貌，以及拆解出具體步驟，這樣才能種下目標的種子，朝努力方向前進。”

我記得我剛擔任講師時，就跟朋友說過一件事：「我想要成為知名培訓師！」當時候很多事情都還不穩定，課程有一搭沒一搭，僅足夠讓自己溫飽的情況。有的朋友聽了，就會擔心地說道：「唉，這樣真的可以嗎？」當下的內心反應，著實感到挫折。

我想像著自己未來更多的可能性，不希望自己這麼快就要把自己的夢扼殺，就像《型男飛行日誌》當中所說：「他們給你多少薪水讓你放棄夢想呢？」我只是想跟你分享，夢想這件事對別人不重要，但對自己特別重要，畢竟，自己的人生自己負責，過個無憾的人生或許是每個人活在這世上很重要的目的。就像周星馳電影對白所說：「做人如果沒夢想，跟鹹魚有什麼分別！」人生有夢最美，希望相隨。

實現夢想的人，都有把夢想具體化的能力

說到夢想，我最喜歡大聯盟安打王鈴木一朗的故事，鈴木一朗從小就加入棒球隊，放學後要練足整整 8 小時才回家休息，即使是考試時期也一樣苦練。在父親的鼓勵與自己期望下，一朗在小學時寫的作文「我的志願」中，提到未來要成為一位職棒明星，就可以看到他將夢想具象化的能力。

作文的內容如下：

我的夢想——愛知縣西春日井郡豊山國小：6 年 2 班 鈴木一朗

我的夢想，就是成為一流的職業棒球選手。因為這樣，我一定要參加國中、高中和全國大會的比賽。為了能活躍於球場，練習是必要的。

我 3 歲的時候就開始練習了。雖然從 3 歲到 7 歲練習的時間加起來只有半年，但從 3 年級到現在，365 天裡，有 360 天都拚命的練球。所以，每個禮拜和朋友玩的時間，只有 5～6 個小時。我想這樣努力的練習，一定可以成為職棒球員。

我打算國中、高中時闖出一番成績，高中畢業後就加入職棒球隊。 我想加入的球隊是中日龍和西武獅。以選秀制度加入球隊，目標契約金 1 億元以上。我有自信，不管是投球或是打擊。

去年夏天，我參加了全國大會。看了所有的投手後，我確信自己是大會的 NO.1，而打擊方面，我在縣大會的 4 場比賽中，打出 3 支全壘打。整個賽程累計打擊率 0.583。連我自己都很滿意這個成績。

然而，我知道棒球不只是光靠一年的成績就可以論輸贏的。所以，我會持續地努力下去。如果我成了一流的球員，能出場比賽的話，我要送招待券給那些曾經照顧我的人，讓他們幫我加油。

總之，最大的夢想，就是成為職棒選手。

夢想並不遙遠，世界上最遙遠的距離是我知道，但是沒有行動去達到，只能暗暗地哭泣感傷不斷懊悔沒得到！人生已經太多事情懊悔，不要讓自己再增添一筆！這是個人信念！

四步驟用心智圖法畫出夢想航道

往往看到別人故事，就會想到自己成長，是否還在當初的夢想航道上呢？這幾天剛好大學同學生小孩，一群人前往探視，忽然驚覺，我們已經畢業十多年了，還記得我當初的夢想嗎？有的，我當初因為爺爺在八歲生病過世時，曾希望當醫生，也努力了好多年，雖然最後未能如願考進去醫學系，但退而求其次的選擇了台大心理系，現在回想起來，這不是挫折，而是一份禮物。讓我知道，除了當醫生，還有其他的可能性。

在心理系的同學也很多元，有些同學畢業後去考學士後牙醫跟學士後中醫，目前也都在執業了，也有些同學之後進了保險業，成為了頂尖的銷售主管，有的同學則是考上了台大資工所，往工程師之路邁進，也有厲害的同學兩年半讀完臨床心理所（含一年實習，一般要四年時間），心理師國家考試一次通過，目前也是炙手可熱的臨床心理師，有的同學則到國外留學，目前也是世界知名管顧公司的一流顧問師。

每個人的夢想都不同，但我都記得好朋友跟我說過的一句話：「擇你所愛，愛你所擇。」我們有走出自己的夢想嗎？夢想清單都曾經列過，但每一年過去時，是不斷更換上面年份，或者每年結束時，都能告訴自己，這些都已經完成了。我想請問你：

- **哪一種狀態是你喜歡的呢？**
- **我是否有自己極為熱愛或是視為典範的人物呢？**
- **我跟典範人物有多少落差？**
- **我願意為了彌補落差而努力嗎？**

你有夢想嗎？如果有的話，那是什麼？如果沒有的話，那何不就馬上想一個吧！

步驟一

請把想到的夢想就填寫在中心主題當中！

步驟二 主幹寫下目標。

我就以自己的例子來示範如何拆解。首先，我就在主幹上寫下我的目標—講師。我八年前希望自己出來當講師，後來就把集團工作辭掉，轉為全職講師，本想說憑藉著「分享」與「熱情」，或許可以改變世界，但理想很豐滿，現實很骨感，當時的我就算免費演講也沒有人想要聽，很多人覺得浪費他們的時間，主要是因為我沒有資歷、沒有經驗、沒有名氣。

那既然選擇這條路，而且也是自己夢想的路，那麼就算跪著走也要把它走完！我當時內心這樣告訴自己。所以我目標就是要克服「沒有資歷、沒有經驗、沒有名氣」這件事，也就是我希望當講師可以成為有影響力的人（知名），也提升自己的收入，並且呼應我想分享的人生意義。

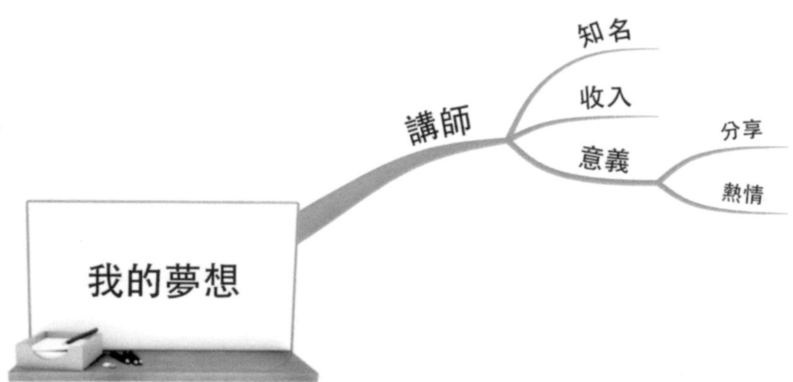

步驟三 **主幹寫下預計進行的過程。**

一開始大多就是問問看周遭親朋好友有沒有需求歡迎介紹，我真的覺得大家都對我很好，覺得我做事勤快，都願意給我一些機會，縱使現在回顧過去的課程講義都覺得慘不忍睹，但也非常感謝過去的歷程，才能造就現在的自己。當初也是從有課講就好，慢慢往學校前進，從兩、三小時的短時數課程，慢慢增加到一天六、七小時的長時數課程，之後從學校轉往公家機關，從人數少變成超過上百人的演講與課程，後來有些口碑介紹，就有一些企業主動邀約。我到現在都非常感謝！

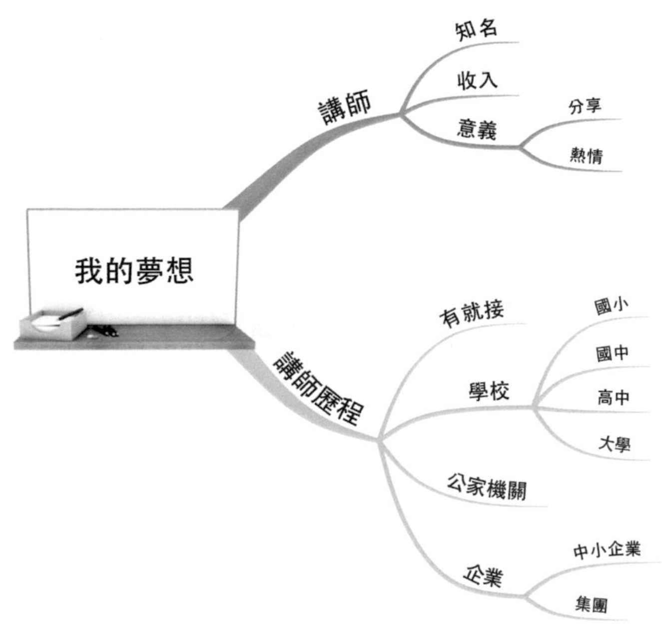

步驟四　找出標竿學習典範。

我記得自己展開講師授課之旅，剛開始也是有一搭沒一搭，一個月收入僅有一萬多，這樣持續一年多，還好當時只有孤家寡人一個，一人飽全家飽，台北借住表姐家，一切從簡，倒是報名參加楊田林老師當初舉辦的百年樹百人講師培訓專班，讓我開了眼界，若非參加田林老師的講師培訓，讓我快速提升自己的課程含金量，現在我可能已經轉行不當講師了。在這由衷感謝田林老師、玉玲老師、泰璋老師、大寶老師等眾多老師們的支持與建議。

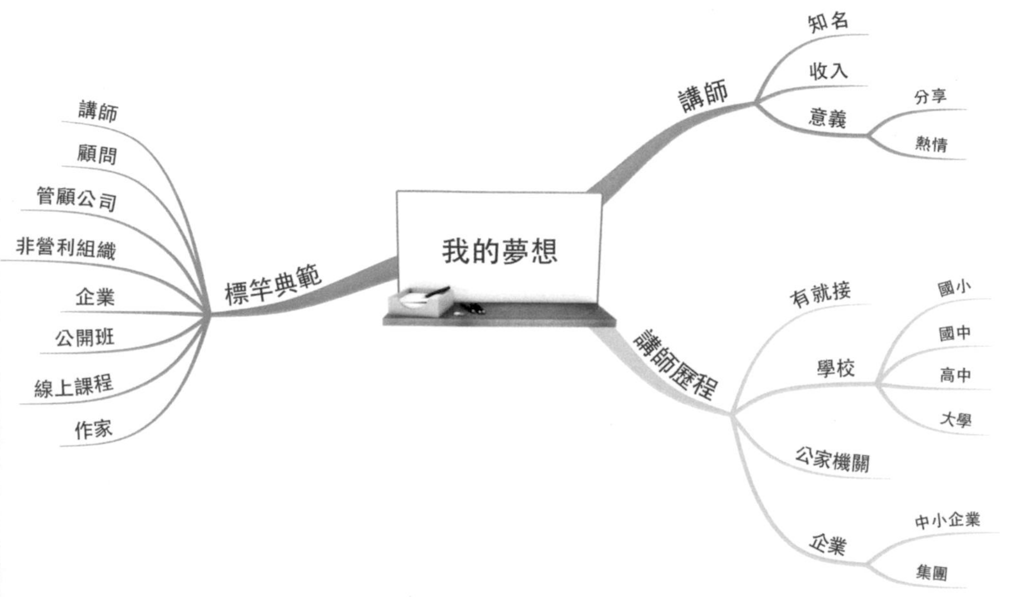

在我自己未來幾個月大幅度把課程修正調整後，月收入增加到六萬多，之後轉介紹的客戶增加，授課時數也穩定成長。

我覺得後來能夠順利，都是因為前面有很多標竿學習的榜樣存在，剛好有幸認識培訓產業最頂尖的一群老師們，然後我就跟老師們請益如何成功，以及我需要做哪些調整與修正可以成為更好的培訓師。我的觀察是願意傾聽並從別人建議中調整的人進步最快！

試試看依照這四個步驟，就可以把你的夢想具體化，找到往前推進的步驟。

我覺得將夢想與目標具象化的能力很重要，把夢想人生規劃模板化／系統化，之後不斷嘗試及修正，透過不斷有踐行跨越，夢想成真才可行。有夢想，心才能開始飛翔，有踐行，夢想成真才可行。

誠摯邀請在讀此書的你寫下來你的夢想，然後一一去實踐吧！我在實踐夢想的道路上，也邀請大家一起同行。

4-2

不知道目標在哪？用心智圖法找出目標

很多時候遇到問題時，我們往往會直接跳進去解決方案。這樣做看似很有效率，但其實經常會出現的情況是事倍功半。因為當競爭對手也都做類似的決定時，彼此所作努力的差異也就都抵銷掉了。怎麼說呢？我來舉一個例子。

像是我曾經在電信產業任職，找到一個新群眾做資費設計專案，第一週推動時有顯著效果，超過一萬人轉到我們公司的方案服務，但第二週就完全沒有效果，為什麼呢？因為對手也會做競爭者分析，了解競爭者在做些什麼，如果有不錯的方式就會快速跟進，當我們跟競爭對手競爭，就會發現很多問題到最後都會變成動態策略模式，我們如何逐步跟進與調整策略是重要的！

雖然是動態的，但切割來看，我們也是要在小區間之內做好問題分析與解決，確保我們自己在正確道路上，之後可以快速累積獲得足夠的小成功，小成功是可以累積的，之後就能夠小幅領先、大幅領先、永遠領先。這是我讓自己時刻保持領先狀態的思維方式。

那要怎麼思考比較好呢？讓我們用心智圖法來一探究竟。

三個關鍵問題提問，找出我們要解決的問題

我首先會先用三個頂尖管理顧問公司的提問來釐清：

- **這是真的嗎？（Is it true ？）：**

  這個世界假消息越來越多，如果確認是錯誤的資訊，那麼就完全沒有分析的必要性。

- **那又怎樣？（So what ？）：**

  這要看「會不會對我們造成衝擊」，如果會，那這個問題就需要趕緊關注，如果不會，那這個問題或許可以晚點處理，甚至不處理都無妨。

- **為何發生？（Why so ？）：**

  當確定這個問題已經對我們造成衝擊了，那就表示該問題已經造成困擾，就要去問為何發生，這就是去找發生原因。當我們找到發生原因時，就比較容易對症下藥，針對關鍵發生原因來提供解決方案！

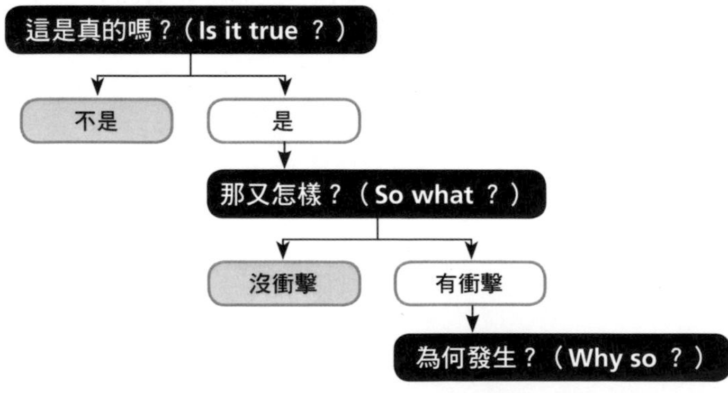

用心智圖法發想解決問題原因

我就曾遇過一個高端產品的業務團隊一直留不住新人，因為新人在試用期三個月往往不容易撐過去，賺到佣金，所以就會判斷自己不適合這個產業而離職，業務主管就會覺得很辛苦，怎麼經常都不斷在培育新人但卻留不住而苦惱。

之後透過同仁找到我，去對業務團隊同仁做心智圖法教育訓練，在經過訪談之後發現通常夥伴邀請我去上課的時候，通常期待能夠帶給業務團隊一些新的刺激與創新作法。我們就在課程當中把這真實遇到的問題直接如此規劃進去課程當中，讓大家一起集思廣益。

我們就用這個案例來做示範。

掃描 QR Code，看心智圖實際操作影片

步驟一

先把問題寫在中心主題中，依照「人事時地物」把它寫下來，像是「業務同仁業績沒有起色，僅達到預期目標的 40%」。

業務同仁業績沒起色
僅達到預期目標40%

步驟二

這時候我們可以運用問題分析解決的三步驟：「問題」→「原因」→「解決方案」。

在心智圖法的主幹寫下「為何發生？（Why so ？）」，並發想原因，至少 30 ～ 50 個可能原因！

要想出很多原因是不容易的，我都是從解放倒空自己的大腦開始，把腦中想到的原因內容都先寫下來，直到自己像個空杯一樣。有時會遲疑，覺得自己的想法帶有成見，或了無新意。這都不用怕，人有時很容易用「慣性」來解決問題，但慣性也常常會讓我們想不出不同的解決方案。不敢動筆，就什麼都沒有。心智圖法這個工具，就是要讓你從無到有天馬行空展開無限創意而存在！

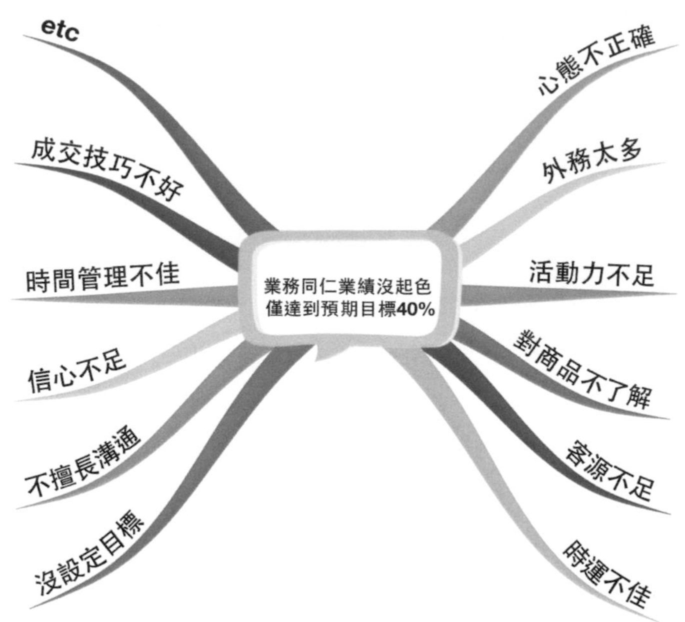

另外，在寫原因內容時，最好快速寫下來，因為沒有時間限制往往會沒有時間壓力，建議可以給自己設定 5 ～ 10 分鐘，讓自己有時間壓力，來提升專注力以及運作能力。要填寫完 30 ～ 50 個關鍵字詞，剛開始會覺得壓力很大，但對我而言，有時間壓力，大腦運轉速度加快，也更加直覺，這樣也不會讓自己陷入思考這個答案好壞的問題。

其實這個步驟，也可以說是腦力激盪。腦力激盪期間千萬不要「完美主義」，而是要「完成主義」，先求有再求好比較重要。

我現在就呈現 30 ～ 50 個可能原因後的收斂，然後把業務團隊認為比較在意的幾項整理出來。當我們在實際狀況操作時，也是要經歷收斂這個動作，因為畢竟時間與資源有限，應把時間精力花在刀口上。

步驟三

接著，就將有限的時間裡所寫下關鍵字逐一分類。通常，剛開始的分類會很亂，或者是有重疊之處，我覺得都不用慌張，因為這是必經過程，就先把所有內容邊分類邊打進去心智圖法軟體檔案中，輸入完畢後，再根據彼此特性來做相關分類。分類之後再重新瀏覽一次，把覺得分類有誤的地方重新調整分類即可。

步驟四

在心智圖法中，找出關鍵原因寫下解決方案，然後藉由專家來拓展自己的思考深度與廣度。所以只要把關鍵原因找出來，然後都寫下解決方案，就可以有一些做法可以提出執行。

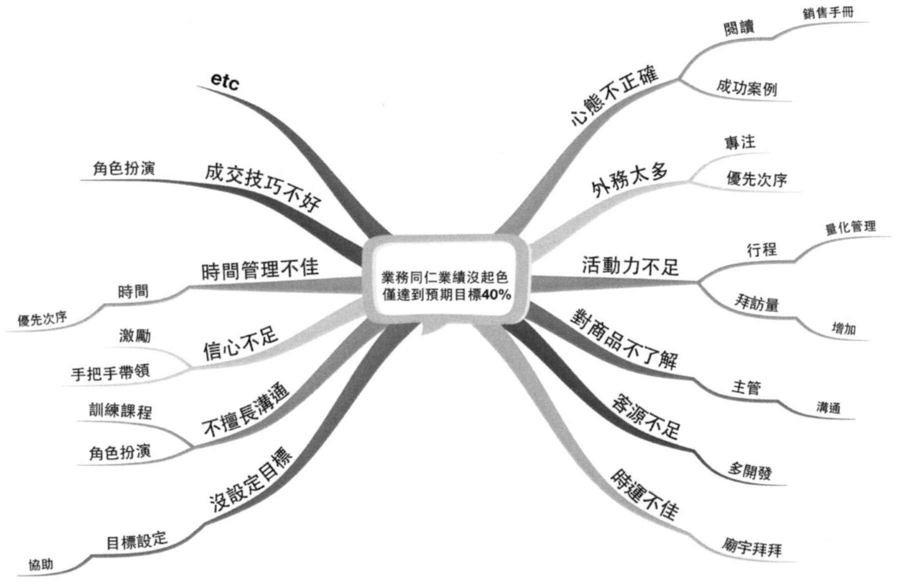

確認腦中的行動是否可行與正確

依上述方法，總算初步整理出目前腦中的想法。但，我自己也有盲點，有可能是該領域新手，如何快速上手該專業領域的資料呢？我該怎麼證明我的想法是對的？或是，我找的都是大家在意的重點呢？其實當下也不會知道！所以我需要做一些確認，特別是跟專家做確認。那有哪些確認方法呢？以下用三個方法跟大家分享：

1. Google

2. 請教該領域專家

3. 相關專業書籍

1. Google

Google 真的是我每天都會使用的超級工具，一般要怎麼找尋相關內容呢？可以使用這個技巧即可。關鍵字＋空格＋ .ppt、.doc、或是 .pdf。例如像是利潤管理課程，我蒐集完資料後，我就同時打入利潤管理 + 空格 +.ppt 搜尋資料，就會看到網路上許多前輩製作的簡報內容，下載閱讀後，將重點與我剛剛整理的心智圖法比較，如果一樣的內容，表示英雄所見略同，相關資料保留，如果有不同的地方，建議可以先保留，使蒐集素材更為廣泛。那要看多少份教材才夠呢？基本上，約 10-20 份教材左右，大致可掌握住多數的重點，接下來就可以仔細思考該如何組織這些素材。

2. 請教該領域專家

不恥下問是最大的美德！若有該領域專家得以請教，這部分更能達到節省大量時間的效果。因為是專家，所以更加知道痛點在哪，若想馬上切入重點，可以把你整理的心智圖內容請專家指教，比如，之後製作教案與教材時，應該把重心放在哪些內容上，以及哪些內容是未來趨勢，透過訪談，這可以讓自己在每次專家訪談中都收穫滿滿。

3. 相關專業書籍

書籍通常論述更加完整，若能從幾本專業書籍基礎入手，將更能通透了解該領域內容，規劃時也更加有信心。以我自己為例，我購買與研讀簡報技巧的書籍已有多年，從基礎書籍到案例式書籍，已經超過 50 本，每次只要有新書，我幾乎也是馬上購買，立即閱讀。每次的閱讀，都有不同領悟及想法。像是前面針對業務同仁的業績提升案例，以其中外務太多為例，就可以參閱專注力提升的書籍。甚至，連改善時運，市面上都有適當的書籍可尋。

4-3

用心智圖法 理清雜事、鎖定要事

現代人生活緊湊，很多人都覺得時間不夠用，要兼顧小孩、家人團聚，也希望自己可以有所進步、跟上最新話題或趨勢，像是近期 Clubhouse 的興起，忍不住花時間「開房」探索，讓人恨不得自己一天可以擁有四十八小時。其實，我也會有這樣的感覺。只是現實很殘酷，明明用一樣的時間做事，但總有人生產力遠高於其他人，有些人卻連很基礎的事情都沒有完成，這又是為什麼呢？

我就帶著這樣的疑惑做了很多時間管理的書籍閱讀與學習，也讓我自己的工作效能相對提升不少，我以前時間管理也不好，總是到辦公室才開始邊吃早餐邊開啟 outlook，看一下今天 outlook 有什麼事情要做，之後開始安排我今天要完成的事項，這樣簡單估算時間也大概需要花費半小時。假設一週工作五天，我一週要在規劃上花費 2.5 小時。一年如果有 50 週要工作，也就是說，光規劃安排事情，我一年就要花費 125 小時，假如每天工作八小時來計算，也就是說我一年有近 16 天都在規劃，寶貴時間就浪費掉了。如果這 16 天能夠妥善利用，那麼自己的生產力是否就會更加成長呢？我帶著這樣的問題意識來尋找答案。

如果只是管理一天行程，就可能出現「下午四點就做完的情況，然後到下班前悠閒自在度過，但是隔天卻有必須忙到凌晨兩點的沈重工作量」這樣不平均的行程。我後來發現一次管理一個禮拜行程反而比較容易有彈性來安排一週的工作量，也可以避免掉每天工作量分配不均的潛在危機，於是後來我就用每週工作清單心智圖來幫助我完成！

步驟一：先記錄自己把時間花在哪裡，把做的事情都先列出來！

因為不先知道自己的時間都浪費到哪裡去，是很難做出時間管理優化的，所以要做的就是老老實實地把自己花時間做的事情都先記錄下來。我曾記錄自己的行程一個月，發現每個禮拜都有一些行程重複，我就看看是不是每週固定的例行事務，從中去找出我自己工作的型態模式。

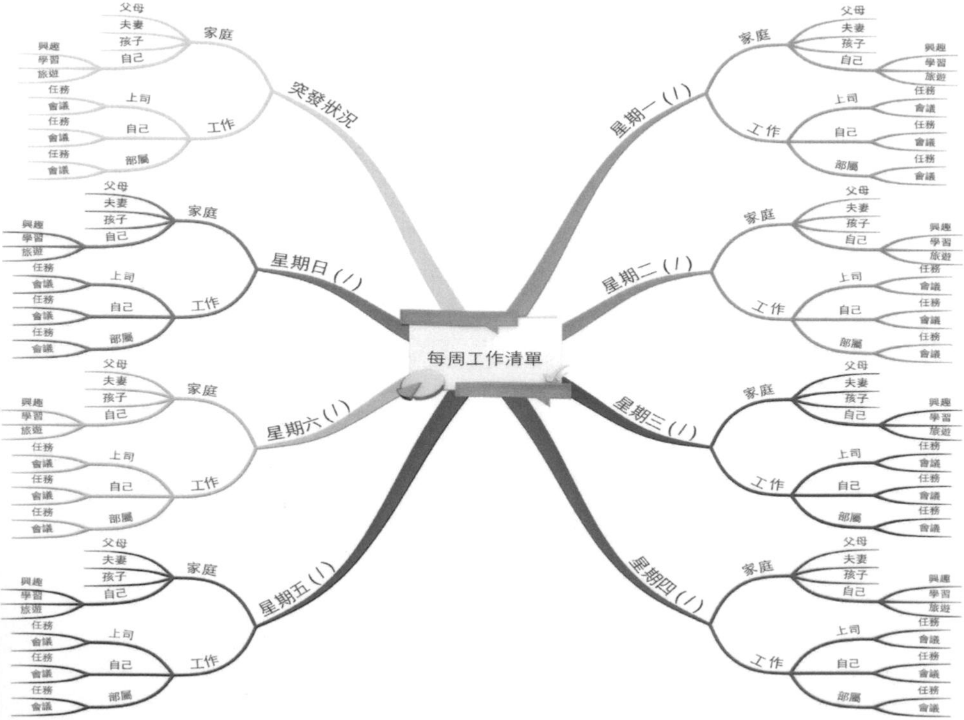

每周工作清單

- 星期一（/）
  - 家庭：父母、夫妻、孩子、自己（興趣、學習、旅遊）
  - 工作：上司（任務、會議）、自己（任務、會議）、部屬（任務、會議）
- 星期二（/）
  - 家庭：父母、夫妻、孩子、自己（興趣、學習、旅遊）
  - 工作：上司（任務、會議）、自己（任務、會議）、部屬（任務、會議）
- 星期三（/）
  - 家庭：父母、夫妻、孩子、自己（興趣、學習、旅遊）
  - 工作：上司（任務、會議）、自己（任務、會議）、部屬（任務、會議）
- 星期四（/）
  - 家庭：父母、夫妻、孩子、自己（興趣、學習、旅遊）
  - 工作：上司（任務、會議）、自己（任務、會議）、部屬（任務、會議）
- 星期五（/）
  - 家庭：父母、夫妻、孩子、自己（興趣、學習、旅遊）
  - 工作：上司（任務、會議）、自己（任務、會議）、部屬（任務、會議）
- 星期六（/）
  - 家庭：父母、夫妻、孩子、自己（興趣、學習、旅遊）
  - 工作：上司（任務、會議）、自己（任務、會議）、部屬（任務、會議）
- 星期日（/）
  - 家庭：父母、夫妻、孩子、自己（興趣、學習、旅遊）
  - 工作：上司（任務、會議）、自己（任務、會議）、部屬（任務、會議）
- 突發狀況
  - 家庭：父母、夫妻、孩子、自己（興趣、學習、旅遊）
  - 工作：上司（任務、會議）、自己（任務、會議）、部屬（任務、會議）

步驟二：重新盤點分類事情，設定好目標與優先順序

我過去曾有過迷思，那就是如何用盡每一分每一秒，導致自己工作時間非常長，有時候身體疲憊來不及恢復，這反而像是最大化壓榨自己的精力為前提進行。後來我研讀多本時間管理著作得到的心得是：不是用「時間長短」來判斷自己時間管理好壞，而是用「生產力多寡」來判斷自己時間管理好壞，因為事情是永遠做不完的！若是用事情要做完為標準，會發現自己幾乎每天都陷入焦慮與挫折當中，因為每一件事情總是可以做得更好，只是需要花費很多時間！所以用心智圖法重新盤點分類事情，設定好目標與優先順序是非常重要的一個步驟。

那你就會好奇要怎麼設定優先順序呢？我想要介紹的是時間管理矩陣，時間管理矩陣是由成功學大師史蒂芬・柯維（Stephen Covey）所提出的，可以用「緊急」與「重要」與否，分成四個象限。那什麼事情是緊急？緊急是指「必須立即處理」的事情。那什麼事情是重要？重要是指代表「對人生目的和價值觀重要」的事情。因此要節制第一象限（緊急＋重要）的比重，擴大第二象限（不緊急＋重要）的比重，盡量刪除捨棄第三象限（不緊急＋不重要）與第四象限（緊急＋不重要）的工作，這樣規劃才能夠聚焦掌握重點事項，避免自己每天過得忙碌又疲倦。

像我就很敬佩我的一位職涯導師的工作效能。身為某營收百億集團執行長的他，每天要應對的事情比我們想像的還多很多，卻每天都能把收件匣清空，而且還可以安頓好家庭、學習畫畫、每天運動，到底他時間怎麼規劃的如此好！我有一次就很好奇請教他，他只是淡淡地微笑說：「我只是去做最重要的事，而且用最有效率的方式做好。」我就好奇問：「那不是還很多事情沒有做嗎？那些事情該怎麼辦？」執行長說：「如果不會影響到，或許不做也是一個不錯的選擇！」沒有人規定所有事情都必須完成，如果有些事情不完成也不會怎樣的話，那就真的不要花費力氣完成，或等到自己有充裕時間時再做打算就好。

因為人的專注力與體力是有限的，如同俗諺所說：「逐二兔不如逐一兔！」希望自己做許多事情反而會讓自己的專注力分散，不如把自己的專注力跟時間花費在關鍵事件當中，然後把關鍵事情做得更好，這樣就會產生更好的成果，生產力反而大幅度提升！而且讓自己只專注在少數關鍵事物上，因為專注力充足，很多事情反而可以用更精實的時間完成。

步驟三：依照優先順序完成工作項目，完成後就打勾

我就會只聚焦在把寫進每週工作清單上面的事情完成，其他的事情我都先暫緩，用這樣的方式來訓練自己的專注力，而且完成之後我就在旁邊打勾！當自己把很多事情打勾完成，就會覺得自己完成很多事情，心裡面會覺得很有成就感，其實我覺得這樣打勾也是一種正向回饋，甚至也可以說是一種精神獎勵，潛台詞是告訴自己：「這麼多項目要完成，我居然也可以做了這麼多事情，我真的是很不錯！」這樣的自我精神鼓勵是非常必要的！

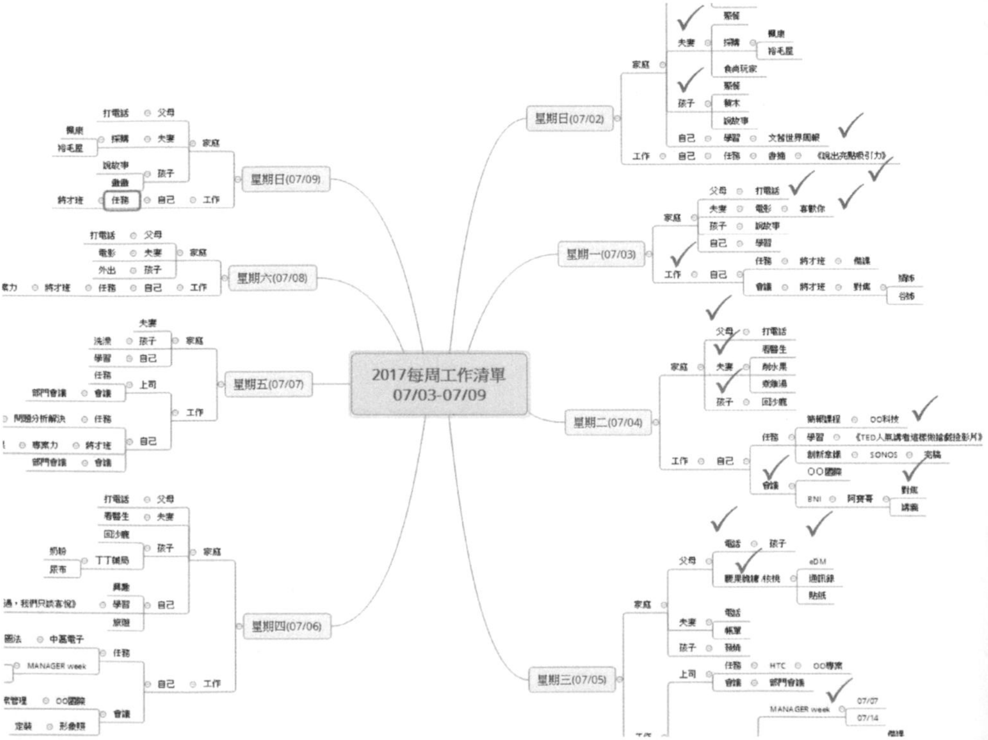

2017每周工作清單
07/03-07/09

星期日(07/02)
星期一(07/03)
星期二(07/04)
星期三(07/05)
星期四(07/06)
星期五(07/07)
星期六(07/08)
星期日(07/09)

步驟四：累積多張每週工作清單，每週也還是要做回顧，年度回顧超方便！

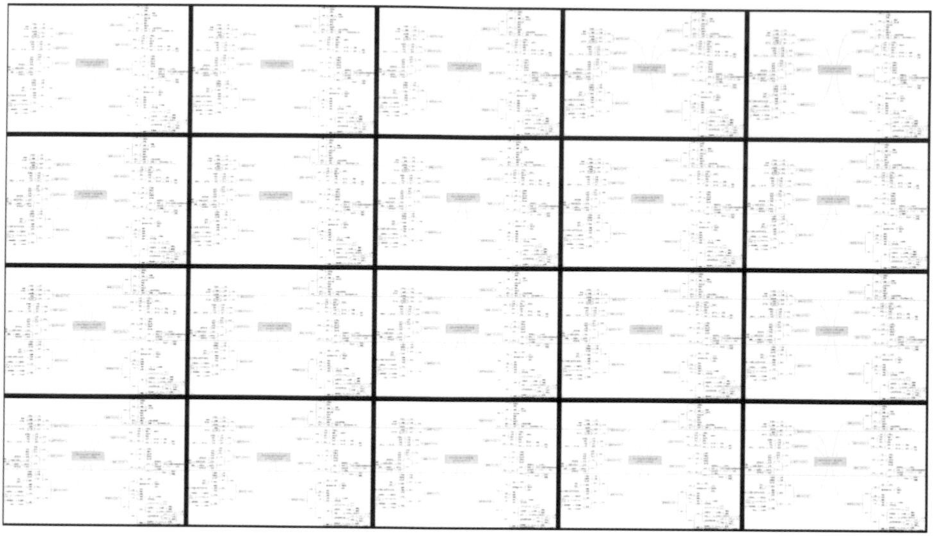

當我們累積多張每週工作清單，其實就是我們每天怎麼過的紀錄，人生難免會出現低潮跟瓶頸，有時候我們就是會陷在其中而不自覺。那該怎麼辦呢？每週工作清單就是很棒的回顧工具！

當我自己陷入低潮時，我就會告訴自己回去看之前的每週工作清單，看看自己打勾的區塊，會發現自己大部分的環節都已經打勾，然後就要給自己鼓勵，告訴自己說：「趙胤丞！你看！你之前完成這麼多事情了，所以你真的很棒！目前的卡關或低潮也是一時的，過去ＯＯ專案你不也是遇到這樣類似的情況嗎？後來還不是迎刃而解！所以要恭喜自己，遇到這樣情況時，通常也代表要跨越了！加油！再努力一下！」

我會這樣對自己信心喊話，就會讓自己心情暫時不要糾結於低潮情緒，而是開始思考解決方法，後來真的覺得這樣的思考方式對我來說非常有益！

4-4

用心智圖法 打通職涯關卡

因為課程關係結識了 Steven，幾年前他有天私訊我，希望跟我討論如何去面試的相關議題，以下是我跟他的部分對話。

Steven 說：「老師，因為某兒童美語學習集團想要國際化經營，透過獵人頭公司找到我，該集團人資主管邀請我去面試，因為時間緊迫，只有一天時間準備，該怎麼辦？」

我說：「那你有想要怎麼準備嗎？」

Steven 說：「這就是我想跟老師討論的最主要原因 ....」

於是我請他運用心智圖法的技巧，進行個人職務的提問。以下是我跟 Steven 對話的操作步驟。

掃描 QR Code，看心智圖實際操作影片

首先，還是把中心主題寫上ＯＯ公司面試跟日期。

在主幹寫下「常見面試問題」

把相關常見面試問題利用支幹做一個Ｑ＆Ａ整理。

在我看來，面試不是一場即興演出，而是經過多次練習準備的過程，當下看似即興演出，都是經過精密設計跟排練得來的成果！所以我依照我過去擔任人資資源工作與相關面試經驗，彙整了以下常見面試問題：

1. 請你簡單做一下自我介紹？

2. 想要得到這份工作原因是什麼？

3. 你的專業強項是？

4. 請問你的優缺點是什麼？

5. 最近你還有面試過哪家公司嗎？

6. 為什麼你決定要轉換職涯跑道？

7. 如何處理工作中遇到的壓力？

8. 若一直達不到工作目標要求時，你會怎麼處理？

9. 你可以接受加班嗎？對加班有什麼看法？

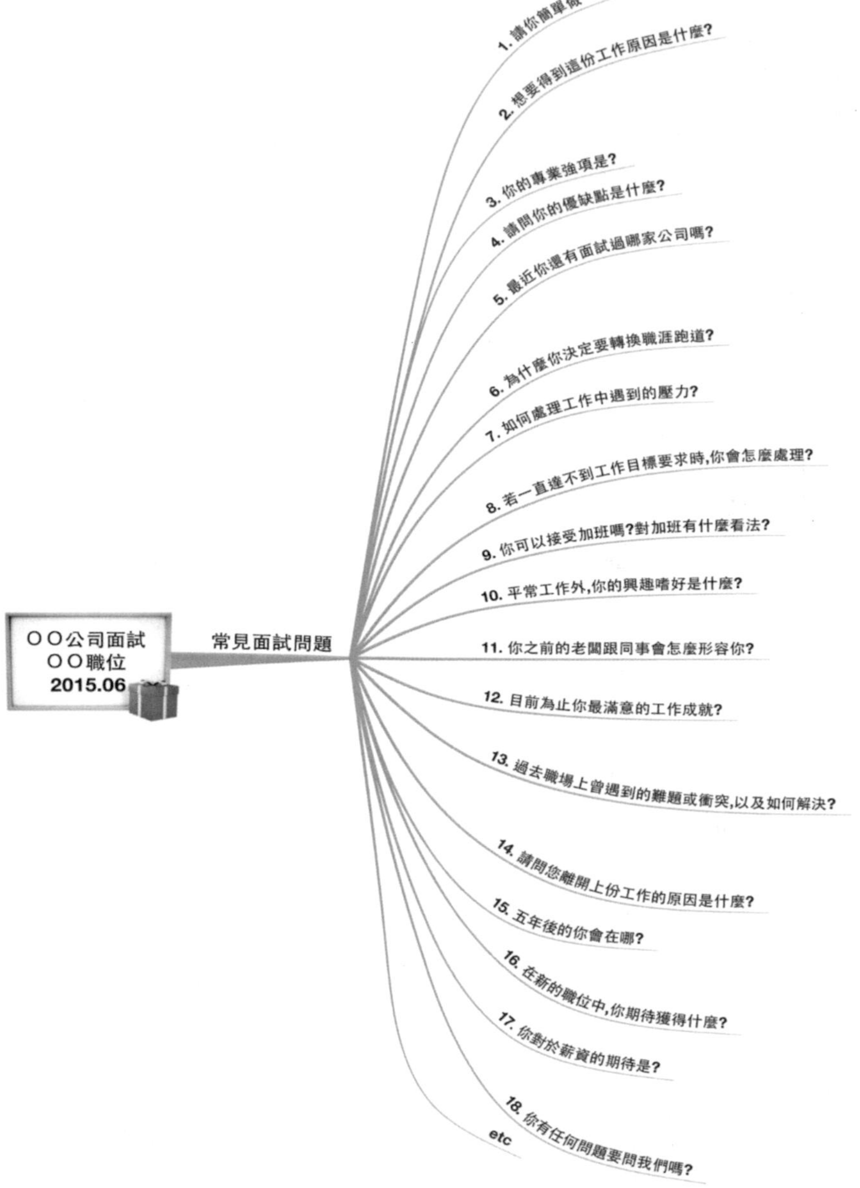
〇〇公司面試
〇〇職位
2015.06
常見面試問題
1. 請你簡單做一下自我介紹?
2. 想要得到這份工作原因是什麼?
3. 你的專業強項是?
4. 請問你的優缺點是什麼?
5. 最近你還有面試過哪家公司嗎?
6. 為什麼你決定要轉換職涯跑道?
7. 如何處理工作中遇到的壓力?
8. 若一直達不到工作目標要求時,你會怎麼處理?
9. 你可以接受加班嗎?對加班有什麼看法?
10. 平常工作外,你的興趣嗜好是什麼?
11. 你之前的老闆跟同事會怎麼形容你?
12. 目前為止你最滿意的工作成就?
13. 過去職場上曾遇到的難題或衝突,以及如何解決?
14. 請問您離開上份工作的原因是什麼?
15. 五年後的你會在哪?
16. 在新的職位中,你期待獲得什麼?
17. 你對於薪資的期待是?
18. 你有任何問題要問我們嗎?
etc

10. 平常工作外，你的興趣嗜好是什麼？

11. 你之前的老闆跟同事會怎麼形容你？

12. 目前為止你最滿意的工作成就？

13. 過去職場上曾遇到的難題或衝突，以及如何解決？

14. 請問你離開上份工作的原因是什麼？

15. 五年後的你會在哪？

16. 在新的職位中，你期待獲得什麼？

17. 你對於薪資的期待是？

18. 你有任何問題要問我們嗎？

19. …

這些都是可以提早準備的相關面試問題，我跟 Steven 對話，就取得一個共識，那就是既然都決定要去面試了，那就要以「讓公司覺得不趕緊把我簽約就是太吃虧的事情了」當作目標。

我就跟 Steven 說明，這些都是公司會詢問的基本問題，所以都必須要有所準備，準備的時間不用太長，講到重點就可以了。如果他有追問，都是後續業主特別在意的點。

多做一份「就職工作規劃書」！

我跟 Steven 說明，這樣的回答只是一個基本，我就跟他分享大幅度提升面試成功機率的殺手鐧，那就是「假設自己已經在那個位置了，你會提出什麼樣的工作規劃呢？」這件事通常會發生在面試的最後，通常人資主管都會「禮貌性」地詢問面試者「你有什麼問題要問我們嗎？」很多人都會回答沒有問題，然後就結束面試了，我覺得十分可惜。

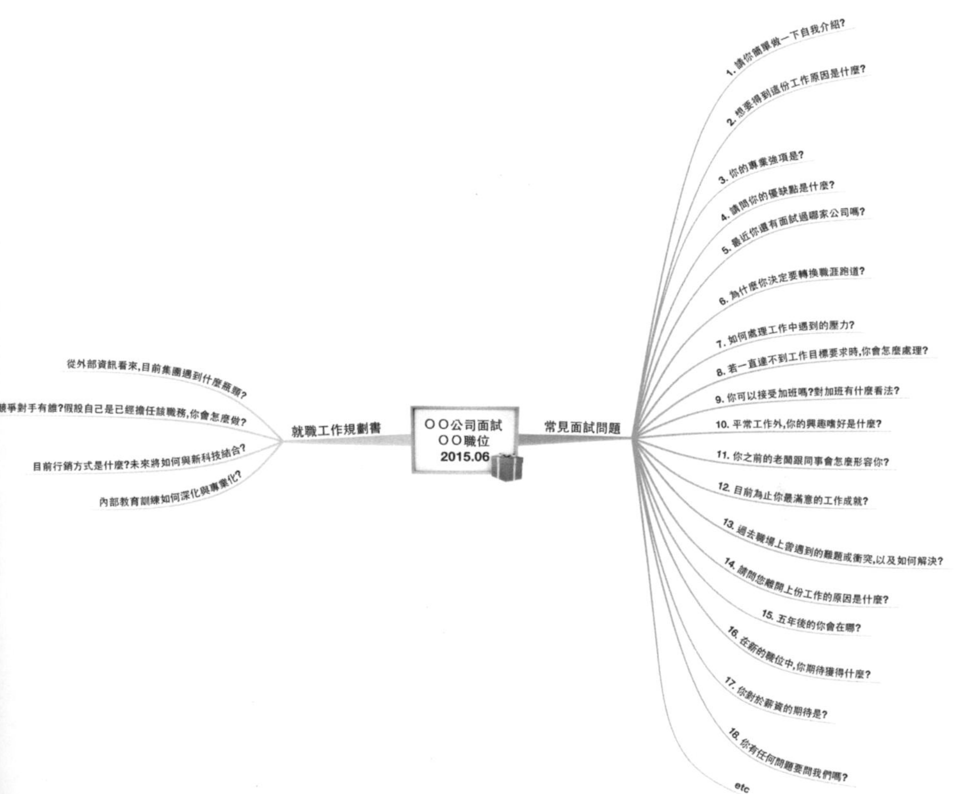

在我看來這樣的面試者通常只是追求進去這家公司而已，我覺得可以展現更多一點的積極，像我就跟 Steven 有過這樣的對話：

我說：「Steven，你覺得這次面試最重要的是什麼？」

Steven 說：「根據過往海外經驗，目前該集團如何構思未來 3 ～ 5 年的計畫！」

我說：「這就對了！這就是重頭戲！你當然可以分享你的經驗，但我覺得更重要的是你可以多準備一些讓執行長與人資主管感到『Aha』的驚喜內容！通常面試一個重要職務絕對不會只有一個候選人，通常會有 3-5 個，然後從中挑選最適合的一個。既然如此，這就是自己能夠突破重圍的殺手鐗！」

這份就職工作規劃書可以包含以下環節：

- **從外部資訊看來，目前集團遇到什麼瓶頸？**
- **競爭對手有誰？假設自己是已經擔任該職務，你會怎麼做？**
- **目前行銷方式是什麼？未來將如何與新科技結合？**
- **內部教育訓練如何深化與專業化？**

Steven 當時心中有一個疑慮，他說：「如果我計畫書執行細節跟該集團有所出入怎麼辦？」

我說：「基本上細節可能有所誤差沒關係，但是大方向有抓到就好。重點不在於內容準確度跟執行細節，重點在於『你願意在還沒拿到這個 offer，就願意花時間開始思考該公司的未來規劃』！這樣的用心執行長與人資主管一定會感受到的！」

一個下午，我們在咖啡廳裡閒聊，透過這樣的互動，Steven 洋洋灑灑寫了很多內容，為了能夠拿出來呈現給執行長與人資主管閱讀討論，重新整理讓一張滿滿的心智圖，隔天就帶這張心智圖前往面試。

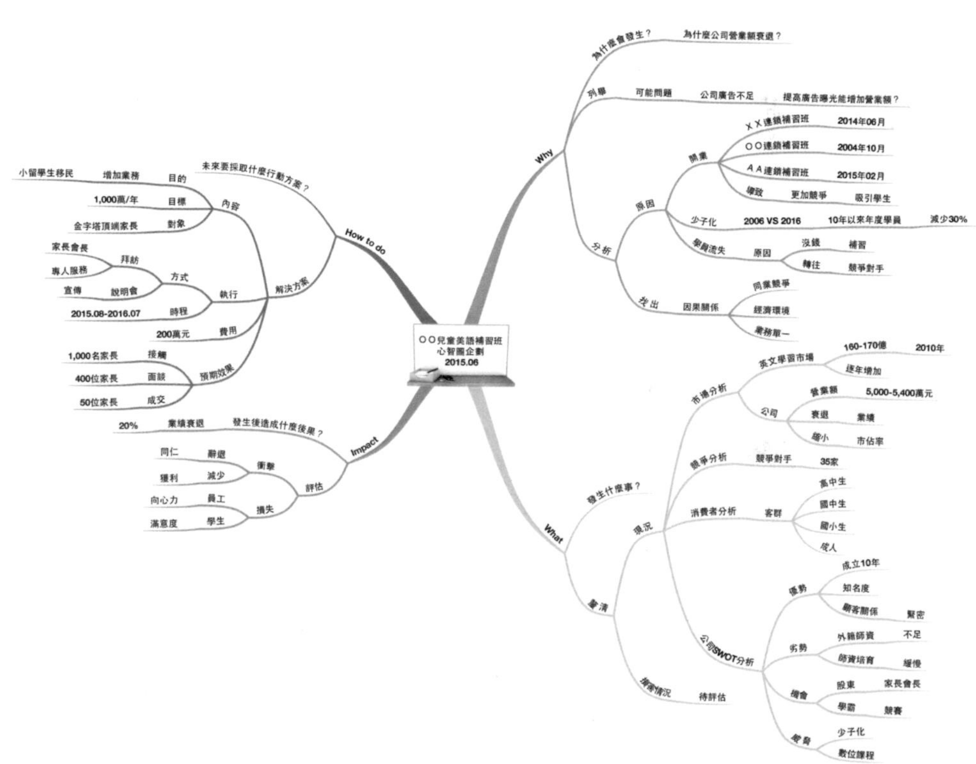

過了幾天後，我傳訊息關心 Steven 面試狀況如何？ Steven 說相當順利！他還跟我說該組織的執行長非常誇讚他，並很驚喜地說道：「你真的很有經驗，都知道我目前思考的問題是什麼，而且都有相對應的解決方法！我們公司能請到你真是太好了！」

後來 Steven 不僅在這家公司任職數年，更把他所寫的內容一一推動，讓集團營收與獲利雙雙成長創新高，Steven 直說心智圖法真是太神奇了！能夠學習到心智圖法真是太好了！

種下職涯善因結善果

在聯強國際集團總裁兼執行長杜書伍先生所著的《打造將才基因》一書中有提到一段話，我想要分享給多數人理解，在現在的公司體制中，還是有可能被獵人頭公司看中挖角，所以，要有將才的條件，千萬不要認為自己不是主管，便不需學習管理。

此外，要把工作及生活當中的各種事務、人際關係處理好，就必須要運用管理的思維，採用正確的管理方式。管理的知識與經驗，可以從工作當中學習累積而來，所以定期梳理自己的經驗是很重要的。

當然，為什麼 Steven 可以快速了解心智圖要怎麼規劃呢？全仰賴平時主管格局的自我培養，要有大格局、成大將之才，並非一蹴可及，必須從基層開始就要有正確的觀念與思維。能夠客觀與無私是非常重要的基本條件，平衡的思維代表不偏廢任何一個面相，而能夠平衡地看待各種事物；看的面要廣之外，還要看得遠，要培養自己成為大將之才，必須要面對問題，不畏困難存在，進而苦思解決問題的方案，此外，也要善用旁人提醒，減少個人盲點。

> **不過，旁人並沒有提醒你的義務，**
> **此時，就可以利用心智圖法來做出自我檢視。**

4-5

用心智圖法拆解人生理財思維

股市在熱絡時，周遭不少人都在討論如何投資，畢竟在現在薪水不漲物價飛漲時代，要存錢真的不容易。那要怎麼做才能擺脱月光族呢？我覺得是理財先理「心」，想想十年後的自己，想要過什麼樣的生活，大概需要多少收入，把未來想像出來，這是很關鍵的，之後呢，就看一下現況與目標有多少的差距，就去思考跟觀察到底如何做才能達成目標，廣泛閱讀後計畫，之後回歸現實從小細節中開始努力做起。

之前我閱讀了龜田潤一郎先生所著《為什麼有錢人都用長皮夾》，其中，讓我最感動的話是：「人生的最終目的是幸福。」讓我在心智圖規劃理財方向，且抱持感恩的心情，善待自己，善待金錢。先跟大家分享幾個我有感受的理財觀念： 留意金錢是控制金錢的根本，而錢的流向，代表了你的生活方式，所以只要改變過去的生活方式，就能防止錢輕易流失；假如總是覺得錢不夠用，問題在於你一直過著無法留住錢的生活方式。

那假設是月光族希望能存錢，那可以怎麼存？這就要回歸一個投資理財最基本的思維轉換：從「收入 - 支出＝儲蓄」轉換成「收入 -

儲蓄＝支出」！只是減去的內容互換位置，真的差距這麼大嗎？是的，差距就是這麼大。甚至有人說這兩條公式是富人公式跟窮人公式的絕對性差異。

我們都知道要存錢就是要「開源節流」，這是亙古不變的鐵律。但是目前社會環境「開源」比較難，需要等待機運，或者是自己鍛鍊成斜槓，但這都需要花費大量時間，反而是要做到「節流」相對容易些。只是這邊也要澄清一個觀念，那就是所謂「節流」並不代表就是過得非常拮据，只是把生活水平壓到最低，其實難以持久。「節流」比較像是找到一個符合自己收入水準且又能存到自己理想金額的自在消費模式。

那要怎麼操作才能存到錢呢？以下是我的心智圖操作步驟。

用心智圖法拆解理財策略

掃描 QR Code，看心智圖實際操作影片

步驟一

先把目標寫在中心主題之上。

步驟二

把「理財先理心」的思維轉換公式寫在主幹上。

用主幹書寫「收入」與「支出」，並在其後支幹書寫全部細項，細看全部細項，判斷哪些消費「必須（需要）」還是「浪費（想要）」。

這就是所謂的記帳，把目前有的收入跟支出通通都寫下來。為什麼要這樣做呢？因為只是腦袋想要存錢，但是實際卻存不了錢的情況經常發生。所以要知道自己到底都把賺的錢花到哪裡去了，會不會買了很多想要但是不需要的東西呢？如果是的話，那某程度來說就是一種浪費！

想要存錢，就必須把這樣的浪費盡量減少。我們可以透過表列細項的方式，先把所有花費都搜集起來，之後再一一細看註記，哪些消費是「必須（需要）」還是「浪費（想要）」，加總起來看多少費用，如果加總起來有一萬五千元，只要把這區塊相對減少，一個月不就多接近一萬元了嗎？

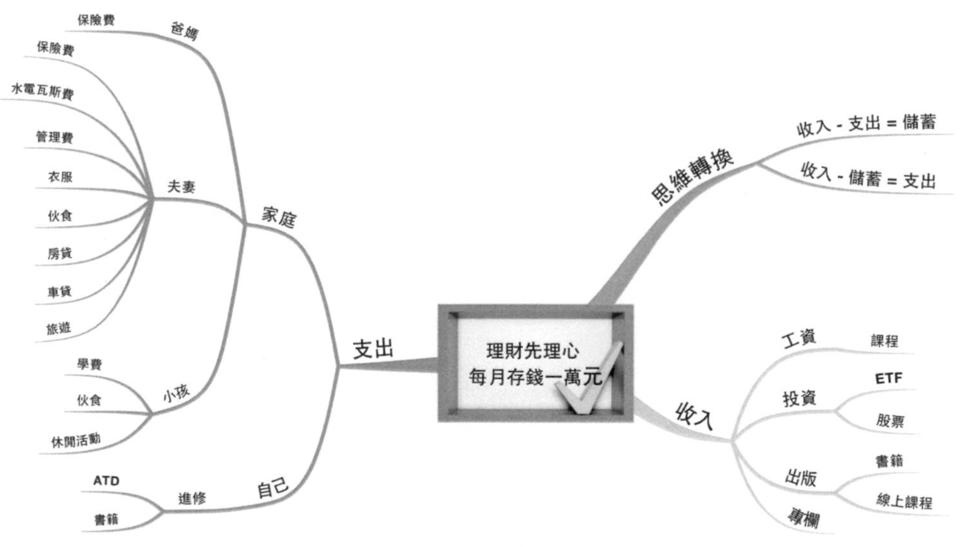

步驟三

假設我一個月能夠存一萬元，一年存了十二萬，如果我將所存到的十二萬拿去投資一年後賺 5% 來計算，一年後會多得到六千元。但是如果讓自己生財能力每個月提高一千元，這樣一年就淨增加一萬兩千元，比原來更增加六千元，所以要先鍛鍊讓自己邁向理想幸福的生財能力，之後搭配理財能力就會有大幅度的加乘效應。 把力氣用在刀口上！

我剛開始也發現大部分的人都僅有一份工資，我自己以前也是如此，每個月扣除生活開銷，存款所剩無幾，基本上可以稱之為「月光族」。雖然執行節流多了一些錢，但依然不容易存到心中想要的數字，剛開始沒有錢，最好的投資就是投資自己！多存到的錢我就去進修，透過進修讓自己的工作能力得以提升。自己的工作能力相對提升了，工作產值也就相對提高了。工作產值相對提高，也比較多機會升遷或調薪，這樣就形成一個正向循環。我記得我剛畢業入職場工作時，起薪也不高，但我努力打拼表現突出，幾乎每三個月或是每半年老闆就幫我加薪一次，到我要出去唸研究所時，已經有很不錯的收入了。我覺得這都是因為投資自己產生的結果。

在投資自己的過程中，我閱讀過很多成功人士傳記。我發現，高效率人士有個共通點，就是會一次買好多套一樣或類似的衣物，這樣替換最快速，像是 facebook 創辦人祖伯克穿一個顏色的 T-Shirt，我一直很佩服的企管專家大前研一也是好穿的衣服或鞋子都會一次買好多款，因為這些成功人士都是把精力投資在自己的腦袋跟能力上，有更好的能力，就能產生差異，收取更高的費用，我也比照仿效，我覺得我自己物質慾望並不高，基本上已經縮減為幾樣：進修學習、買書、美食，其他的我真的也沒有太大興趣。在投資自己方面，還是要回歸自己最重要的生財能力。

心智圖規劃讓人掌握金錢漏洞

我後來才意識到心智圖法也可以作為財務檢視的工具，在《為什麼有錢人都用長皮夾》提醒了我，小細節原來就是金錢漏洞。很多家庭主婦最喜歡收集集點卡，這些集點卡會讓你思想受到控制、喪失思考能力，不知不覺買下不需要的東西，要買真正想要的東西。

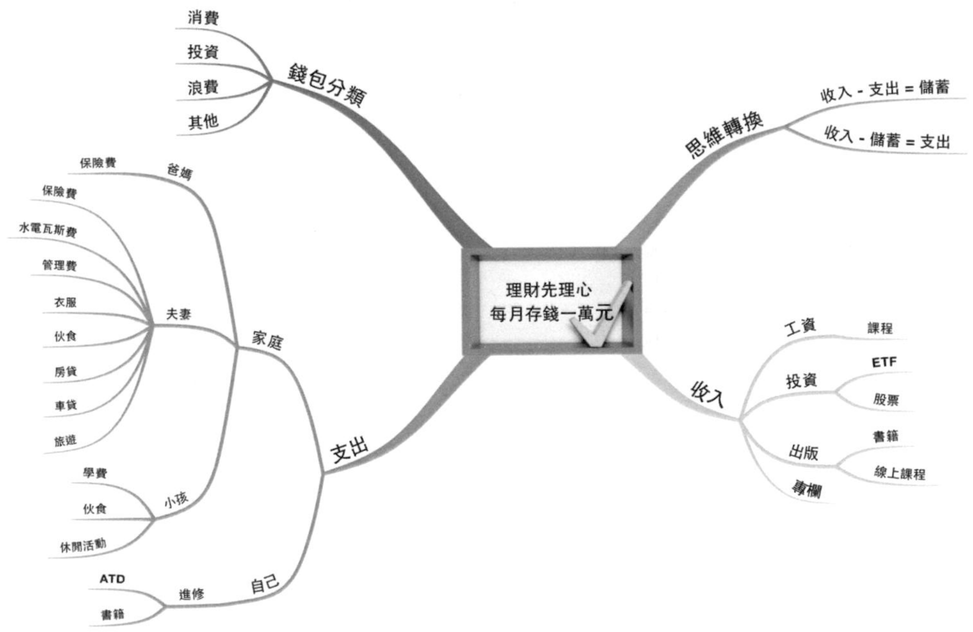

我也運用心智圖把錢包的錢分成四個種類：

- **甲、消費（等價交換，但沒有增值）**
- **乙、投資（能創造未來的金錢）：就是在拼未來拼圖。對於夢想或目標的描述越明確，就會更明白該採取怎樣的行動。**

- **丙、浪費**
- **丁、其他：留意將消費變成投資的方法，絕對不吃虧的消費鐵則，即使花錢消費，遇到緊急狀況時，能稍微有所補貼（大約七成），就算得上低浪費消費，如果要買相同的東西，就買品質好一點的。**

我發現若自己想要開源節流，更應該在意用錢狀態的自我檢討；要事前預估每月每週支出，不要有突如其來的消費，也別在便利商店領錢，控制金錢要有規劃，比如，每個月設定兩次領錢日，否則錢很容易隨著外在需求的變化而流失，養成固定控制支出的三原則：冷靜的態度、選擇時機跟訂定領取金額。

有一回，我有一個作家朋友跟我聊到相關理財觀念，我就用心智圖法的架構跟她分享，她回饋我，很開心可以學習心智圖的思考技術。她過去常亂買小東西，現在，如果要一次購買大筆金額的物品時，就會先畫出需要的最後的幸福生活是什麼？然後想想應該要怎麼做？要跟誰討論？如果五年後收入有所變動該怎麼因應？我現在的事業版圖，未來十年會是什麼樣子？經過這樣的規劃設定後，然後在心智圖上，寫下現在該不該買的選擇？慢慢的，理財狀況也改善很多，沒有想到開始越存越多。

其實我們後來聊天，我跟她說：「沒錢時越要懂得理財，人就算手邊沒有半毛錢還是可以活下去，因為身邊還是有很多可以換成金錢的東西。」只有一公釐也好，要邁出步伐前進，只要肯去留意，在懷抱希望的瞬間，再怎麼不起眼的東西也會成為改變人生的原動力！經常去想像十年後的自己而提早展開行動，期待著十年後的萌芽，在自己的心中撒下許多種子。若想提昇人生的品質，就要改變與你來往的對象。輸入改變了，輸出也會跟著改變。

在這可以推薦幾本可以增加自己投資理財的好書書單，這樣大家也可以增加自己財富豐盛的好機會！

- **《窮查理的普通常識》**
- **《雪球：巴菲特傳》**
- **《人生路引》**
- **《用生活常識就能看懂財務報表》**
- **《五線譜投資術》**
- **《綠角的基金 8 堂課》**
- **《高手的養成 1-3》**

4-6

畫心智圖別太費時間，自己看懂最重要

透過上述心法，或許你已經學會心智圖方法，然後呢？筆記？關鍵字？練習？最後怎麼樣才能達標？

過與不及都不好，請務必要記得一件事，那就是畫心智圖是要幫助自己「節約」時間，不是「浪費」時間。

做為整本書文章的最後一篇章，我想要談一個觀念，那就是每個人一天都要做超多選擇，透過一連串事件的選擇，得到了相關的結果，像是結婚要去哪兒度蜜月，可能取決於雙方的期待跟意願，也牽扯到可行性的資源問題，像是如果有一筆十萬元的預算，那麼小倆口可以到法國巴黎去度蜜月，但如果是預算只有一萬元，恐怕只能到淡水八里度蜜月。這樣為難的情況，經常出現在我們自己與周遭人身上。

通常我們怎麼做決定？很多人是看到做完決定的好處，但我個人偏好除了看好處外，更要看作了這決定的壞處跟衝擊是什麼？當我盤點了壞處跟衝擊後，我是否可以接受這樣最壞的情況呢？如果可以接受，那就沒有什麼好猶豫的，行動就是。

> **但如果只是衝動行事，也無法提升人生品質。**
> **我們需要對人生的選擇，做出更全盤的思考。**

就像陳怡安老師說過，人不能活得粗枝大葉。那中間過程怎麼評估跟判斷好壞的思維，將是決定結果的關鍵。很多人都說不知道怎麼思考做決定比較好，或是都只在腦中思索，於是難免掛一漏萬。那怎麼辦呢？這時就會出現一種猶豫躊躇的心情，這讓我想到一首元曲，姚燧的〈寄征衣〉：「欲寄征衣君不還，不寄征衣君又寒。寄與不寄間，妾身千萬難。」白話文是指先生出門在外許久不歸返，妻子日夜思念。此時正逢天候寒，希望寄人託衣讓先生好保暖；但也擔心先生穿上暖衣之後，就不回來，反而離家越來越遠。若不寄給先生，就怕先生因天冷而受風寒，萬一病倒怎麼辦？因此寄與不寄之間，真的是讓妻子好生為難。古人透過詩詞深刻描繪做決定的兩難，現在讀起來也很有共鳴。

“

那要怎麼做才能把腦中做決定這件事
視覺化跟盡量全面分析呢？
遇到兩難的時候，我們該如何來抉擇呢？
我覺得心智圖法的雙值分析就是一個很好的方法，
希望可以透過雙值分析，
讓大家減少左右為難的情況。

”

話說雙值分析的最早來源是富蘭克林做一件事情的時候有這樣的一種習慣，取出一張紙，拿筆在上面畫一條線，左邊寫上做這個決定的好處，右邊寫上做這個決定的壞處。應用這種方法在銷售上達到很好的效果，因此稱之為「富蘭克林成交法」，又稱「理性分析成交法」，就是鼓勵潛在客戶去考慮事情的正、反面，突出購買是正確選擇的方法。顧客在面臨作決定的關鍵時刻，總猶豫不決。這時你拿出一張紙，將購買產品的優點寫在左邊，不買這種產品的缺點寫在右邊，然後讓顧客一一分析優缺點。你就在一旁幫助顧客記憶優點，至於缺點就由顧客自行評估了，這是業務思考促成成交的模式。如果是自己使用呢，就必須把優點跟缺點考量進去，因為希望通盤考量做出對自己最好的決定。

心智圖法的雙值分析作法如下：

步驟一

先在中心主題寫下一件難以決定的事情，像是「我要不要接受這份新工作？」、「我要不要搬家回台中？」、「我留學該去美國還是歐洲？」等等。在中心主題寫的時候，要能夠明確指出 Yes ／ No，這樣在分類上做決定比較清楚，盡量避免三個選項以上，因為往往分析完，還是無法做決定。

步驟二

左右各長出一根主幹，一邊寫「離開」，一邊寫「續留」。接續展開支幹分成兩區塊，分別是「優點」與「缺點」，之後展開展開優點、缺點的分析。

續留台北(NO)
決定是否
離開台北？
離開台北(YES)

步驟三

之後利用心智圖法的水平思考列出所有影響該決定的因素要項，之後判斷好處與壞處，根據每個項目給予加減分數。最後將同一主幹的所有選擇分數相加，例如將「離開」的分數相加得到的總分 +100 分，「續留」總分為 -120 分。因此做決定選擇「離開」是整體看來比較有利。

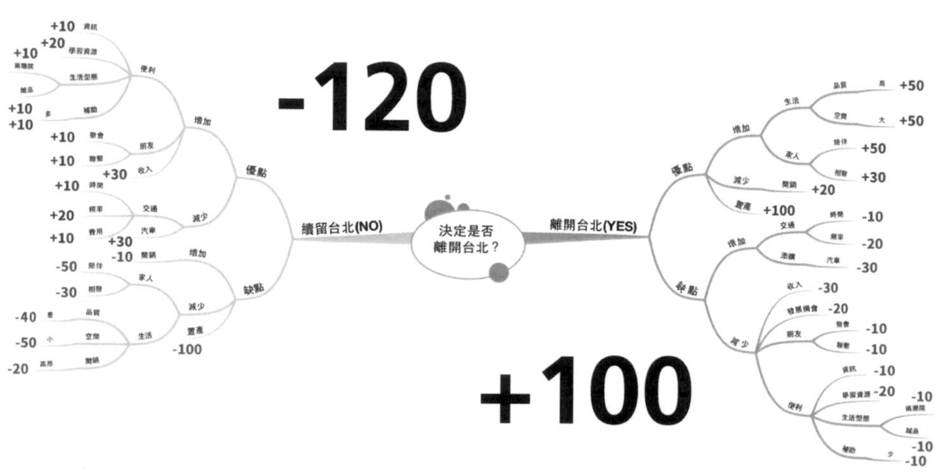

比較需要提醒自己的是「不要完美主義」，剛開始學習心智圖的過程中，常常會很貪心，希望把每個環節都照顧到，只是很多時候不需要用到這麼多，便可達到相近似的效果，所以在演練實做當中，一定有很多需要調整比例，要看我們目前有多少時間、多少資源、怎麼做對整體最好，這樣心智圖法的應用，才不會讓你越來越累。

“

我通常腦袋中沒有太多需要做雙值分析法的決定，

因為大多數我都會拆解成更小的問題，

這時候就可以更容易找出解答。

只是並非每個人都跟我一樣擅於拆解，

那麼心智圖法的雙值分析，

是一個值得參考的好方法。

”

因為你會發現，做決定時，自己是有所選擇跟取捨的。想清楚，才能夠過比較沒有遺憾的人生。

這本書，談心智圖的應用與技巧，但更是在提供一種思考技巧，真正讓心智圖法成為你提升效率工作、減輕身心負擔的好工具！環節可以補強，但千萬不要為了精細及追求美觀，而影響了心智圖法的思路與創意，這樣就本末倒置了。最後提醒大家，心智圖法只是工具與思維，我們要追求的是更有品質、更無遺憾的人生。

【View 職場力】2AB955

拆解心智圖的技術：讓思考與創意快速輸出的 27 個練習

作者　趙胤丞
責任編輯　黃鐘毅
版面構成　江麗姿
封面設計　康學恩
行銷企劃　辛政遠、楊惠潔

總編輯　姚蜀芸
副社長　黃錫鉉
總經理　吳濱伶
發行人　何飛鵬
出版　創意市集
發行　城邦文化事業股份有限公司
歡迎光臨城邦讀書花園
網址：www.cite.com.tw

香港發行所　城邦（香港）出版集團有限公司
香港灣仔駱克道 193 號東超商業中心 1 樓
電話：(852) 25086231
傳真：(852) 25789337
E-mail：hkcite@biznetvigator.com

馬新發行所　城邦（馬新）出版集團【Cite(M)Sdn Bhd】
41,jalan Radin Anum,
Bandar Baru Sri Petaling,
57000 Kuala Lumpur,Malaysia.
電話：(603) 90563833
傳真：(603) 90562833
E-mail:cite@cite.com.my

印刷　凱林彩印股份有限公司
2023 年（民 112) 12 月 初版 3 刷
Printed in Taiwan
定價　380 元

如何與我們聯絡：
若您需要劃撥購書，請利用以下郵撥帳號：郵撥帳號：19863813　戶名：書虫股份有限公司

若書籍外觀有破損、缺頁、裝訂錯誤等不完整現象，想要換書、退書，或您有大量購書的需求服務，都請與客服中心聯繫。

客戶服務中心
地址：10483 台北市中山區民生東路二段 141 號 B1
服務電話：（02）2500-7718、（02）2500-7719
服務時間：週一至週五 9：30 ～ 18：00
24 小時傳真專線：（02）2500-1990 ～ 3
E-mail：service@readingclub.com.tw

※ 詢問書籍問題前，請註明您所購買的書名及書號，以及在哪一頁有問題，以便我們能加快處理速度為您服務。

※ 我們的回答範圍，恕僅限書籍本身問題及內容撰寫不清楚的地方，關於軟體、硬體本身的問題及衍生的操作狀況，請向原廠商洽詢處理。

※ 廠商合作、作者投稿、讀者意見回饋，請至：
FB 粉絲團 · http://www.facebook.com/InnoFair
Email 信箱 · ifbook@hmg.com.tw

國家圖書館出版品預行編目資料

拆解心智圖的技術：讓思考與創意快速輸出的 27 個練習 / 趙胤丞 著 . -- 初版 . -- 臺北市：創意市集出版：城邦文化發行，民 110.4
面；　公分

ISBN　978-986-5534-34-9(平裝)
1. 職場成功法 2. 創造性思考 3. 學習方法

494.35　　110000184